激荡千年

日本茶道史

蒋 丰——著

上海交通大学出版社
SHANGHAI JIAO TONG UNIVERSITY PRESS

内容提要

　　本书以一个个短篇的形式介绍了日本茶道史上的众多名人，介绍了茶道在日本的发展，以及茶道和日本经济、政治、文化方面的联系，适合对日本文化、日本历史和日本茶道感兴趣的读者阅读。

图书在版编目(CIP)数据

激荡千年：日本茶道史／蒋丰著. —上海：上海
交通大学出版社，2019
ISBN 978－7－313－21206－1

Ⅰ.①激… Ⅱ.①蒋… Ⅲ.①茶文化-研究-日本
Ⅳ.①TS971.21

中国版本图书馆 CIP 数据核字(2019)第 075018 号

激荡千年：日本茶道史

著　　者：蒋　丰
出版发行：上海交通大学出版社　　　地　　址：上海市番禺路 951 号
邮政编码：200030　　　　　　　　　电　　话：021－64071208
印　　制：苏州市越洋印刷有限公司　　经　　销：全国新华书店
开　　本：880 mm×1230 mm　1/32　印　　张：7.5
字　　数：151 千字
版　　次：2019 年 7 月第 1 版　　　　印　　次：2019 年 7 月第 1 次印刷
书　　号：ISBN 978－7－313－21206－1/TS
定　　价：58.00 元

自序
国家不幸茶道幸

一

　　"寒窗里,烹茶扫雪,一碗读书灯。"不知从何时开始,书与茶约定俗成般地成为读书人的必需品。我呢,旅居东瀛30年,自认为仍是一个中华读书郎,每每在书案的电脑键盘上敲打一番后,喜欢啜上几口或浓或淡的茶,或提神,或减压,让手指小憩,思绪继续飞扬。这是否是中国式茶道的传承,我真的不敢妄下结论。

　　今天的日本,把来自中国的饮茶融于骨髓,见于精神,以程式化的仪礼呈现出来,"石碾轻飞瑟瑟尘,乳香烹出建溪春",清雅、纤巧、精致、高傲,称为"日本茶道",显得与华夏文化的历史记忆那么近,那么近,而实际摸触起来,又感到是那么远,那么远!

　　美国的埃德温·赖肖尔在他的《当代日本人:传统与变革》中文版序言中说:"在中国的这些文化儿女中,日本是最出类拔萃的,最与众不同的。"何以不同? 大概是,日本人总能把从别人那里学到的东西发挥到极致。

1

在拙作《日本的细节》一书中，我从各个方面和读者探讨了日本是如何从"细节"着手超越"老师"的。弱小的人希冀强大，自卑的人渴望自强。圣德太子用"日出处天子致书日没处天子"的小心机，想要与强大的隋帝国保持平等的外交关系，这样的故事我们都耳熟能详。我也曾在不同场合看到类似这样的话："日本人善于根据自己的需求将国外传过来的事物改造成适合自己的形式。"能够把事物的作用发挥到极致，是日本人的自信，且已演变成为日本的"国民性"内容之一。

"如愚见指月，观指不观月。""指月"是大家熟悉的禅宗公案，茶道自从日本建立之初就与禅宗有着共生关系，后来的"一期一会"也好，"和敬清寂"也罢，都离不开主客之间情感的交流，作为主角的茶反而成了一种符号。在以千利休的两叠半①的"待庵"为代表的狭小茶室中，这种交流发展成极致，主客对面坐下，近到甚至可以感觉到对方的气息，这样才能以真心相对。茶，就是指月的手指；月，则既可以是茶室之内的交流，也可以是茶室之外的较量。

让我这样一个外国人关注的是茶文化，在日本，它的繁盛时期是在战国时代。在战火纷飞的硝烟中，茶道展示了强大的影响力，禅僧、外贸商人、将军、大名和公卿都围着一只茶碗疯狂。

二

中国的茶叶最早流传到日本是在平安时代，那时已有点茶法、

---

① 叠：计数日式草席（即榻榻米）的量词，通常用来描述房间大小，也作"帖"。

煎茶法。然而,从大唐学习到的制度自上而下推广开来,茶文化并没有随之普遍流行。日本的茶文化真正蔚然成风并变成一种固定的文化形式,是在室町时代。源氏创立镰仓五山文化,荣西带来茶种也是在这个时候。接替镰仓幕府的足利家不甘示弱,也在京都树立了五山十林,在足利家治下形成的北山文化和东山文化是文化发展的两个高潮,这一阶段,由中国传来的禅宗占据了主动,茶文化随着禅宗文化的树立而得到普及。

征夷大将军的大印传到足利义满手中,已经是第三代,他积累了足够的力量,连天皇都要看足利将军的脸色。足利义满坐上征夷大将军之位的这一年,农民出身的明太祖朱元璋也在南京称帝。在日本,这是一段茶道历史上模糊不明、平淡无奇的岁月,在中国,这却是饮茶方法的历史性变革时期。从北宋开宝末年,到明洪武二十四年(1391年),热闹了四百多年的点茶因为朱元璋的一道圣谕戛然而止。朱元璋下令改点茶为泡茶、废团茶为叶茶,用权力改变了中国茶的历史。

在足利义满的支持下,商船驶往中国,与中国明朝进行"勘合贸易"。足利义满派遣的使者受到当时宁波"海关官员"的招待,席间奉上的,毫无疑问是奉明太祖朱元璋之命改革了的大叶茶。骄傲的大明王朝对于蕞尔小国日本缺乏了解,误以为足利义满就是日本的最高统治者,大笔一挥,"册封"他为"日本国王"。显然,足利义满也很乐于接受这个"美丽"的误会。足利将军的使者们带回的信息中,不太可能没有提到"最新流行"的"泡茶法"。但是,一向喜欢中华"唐物"的足利义满并没有接受时新的"泡茶法",这又是为何？

梳理日本茶道文化的历史沿革，或许可以得到这样的结论，日本历史上缺少明太祖朱元璋这样统一而强大的自上而下的权威。茶，被各种身份、各种立场的人当作工具，在某一时期承担了教化宣传的功能，又在另一时期承担着生杀予夺的重担。足利义满时期的茶文化尚属于禅宗的一部分，仅仅在于精神层面的交流，更多的时候是代表了参佛悟道的一份虔敬。

那位因"靖康之耻"而常常让中国人诟病的宋徽宗其实没有那么"浑"，他也懂得"时或遑遽，人怀劳悴，则向所谓常须而日用，犹且汲汲营求，惟恐不获，饮茶何暇议哉"的道理。就是说在乱世之中，人们为生计所苦，哪里还有饮茶的闲情逸致！放眼中国历史，确实是这个道理。可是，茶道在日本战国时代似乎是相反的情况。日本茶道在日本独有的武家文化所开创的镰仓时代生根发芽，经过室町时代与禅宗的糅合，到了战国时代掀起高潮，渐登顶峰。以"战国三杰"——织田信长、丰臣秀吉和德川家康为时代线索，围绕着千利休、古田织部等众多拥有多重身份的茶人群体，他们共同演奏了一组波澜壮阔的茶道交响曲。

随着权力中心的一次次转移，茶文化也一次次展示了它所蕴藏的力量，极温和却又是极激烈的，极细微却又是极壮阔的，茶在日本成为一种"道"。在中国，有句话叫"国家不幸诗家幸"，在日本，或许我们可以说"国家不幸茶道幸"。从武野绍鸥、千利休再到古田织部，以战国纷争为背景，在茶道的舞台上，只要拉开帷幕，就可以看到一幕幕惊心动魄、跌宕起伏、鲜血淋漓的悲喜哀乐。只不过，如今距离世界中心越来越近的日本人对这些已经视而不见了。

"物之兴废，固自有然，亦系乎时之污隆。"江户时代，随着德川幕府统治的稳固，日本茶道逐渐形成武士茶和町人茶两条路子。当初由能阿弥和村田珠光交汇至千利休，并在千利休手中臻于至善的茶道，再次分出两条发展轨迹，在日后渐行渐远。《石州三百条》规范了武士贵族茶道的仪轨，与之相对应，町人茶确立了家元制度，出身于表千家的川上不白也制定了"七事仪式"。

到了明治维新之后，流血浮丘的厮杀变成了不见硝烟的商战，一位位战国大名化身商界大佬攻城略地、各据一方。渐渐沉寂的茶道再次成为运筹于千里之外、杀人于无形之间的工具，早已冷却沉淀的茶汤再次浮沸。

三

富含情感性、情绪性，是日本美学的特点，有人称之为"心情式美学"。随风飘落的娇嫩的樱花，曾经被军国主义狂热分子作为"玉碎"的象征，我相信，在那一碗波澜不惊的细碎碧绿珠之下，必定也隐藏着许多被忽略的惊心动魄的"细节"。翻开一摞摞尘埃层积的旧书，走访一处处响着历史回声的"案发地"，我胸口的温度一次次骤然升高——鲜血和着烫口的茶汤直撞胸膛。

在本书初稿汇集的 2017 年秋天，我初到大德寺参拜，正值京都的雨季，湿漉漉的空气浸润了那些枯山水，也复活了金毛阁的斑斑血迹。金毛阁上，在岁月中干枯褪色的朱红漆迹，突然间变得触目惊心，那，怕不是茶圣千利休已干涸的血迹！

暨入一座塔头，坐定，吞下一碗翠绿鲜艳的抹茶，仍不能平复心中的起伏。点点茶粉，握在手中无足轻重，最纤细的，却拥有最巨大的力量，能将人推举于万人之上，亦能杀人于无声。

日本茶道的历史恰如一碗回甘醇厚的茶汤，独饮总是缺了些什么。与日本人共进茶道，他们给我讲述的都是程序化、仪式化的细小枝节。今天，在自己旅日 30 周年之际，我终于写出一本内容到目前为止日本人和外国人都未曾正式涉足的书籍——《激荡千年：日本茶道史》。

我实在没有要凭借此书获取诺贝尔奖的信心，但我希望"不为浮云遮望眼"，把这些令人或心惊胆战或拍案叫绝或扼腕叹息的日本茶道故事与读者一起分享，愿诸君"知日"而不是"精日①"。

最后，我要感谢我的夫人、《日本新华侨报》社长吴晓乐，她在我撰写此书的过程中给予了强有力的财力支持，让我去考察日本茶道的路径；我要感谢我的好友王亚图女士，她在帮助我完成了《说说日本十大侵华人物》《二阶俊博评传》等书后，又参与了本书的创作；我要感谢我的秘书、《日本新华侨报》首席记者张桐女士帮助我完成了本书的总体编辑的琐碎工作。谢谢！

蒋　丰

2018 年 3 月 8 日于东京乐丰斋

---

①　精日：网络用语，指过度崇拜日本的"精神日本人"。

目录

1

安土桃山时代

江 户 时 代

明 治 时 代

昭 和 时 代

镰仓时代

1. 荣西：留宋"海归"搞走私成为日本茶祖

一提到荣西，日本人就会想到他创建的京都建仁寺，我们中国人呢，则可能想到他禅修了5年的天台山万年寺。事实上，荣西从中国回到日本，首先落脚在今天福冈县的博多，并创建了圣福寺，开始宣传"兴禅护国论"。此后又前往镰仓，在源赖家的庇护下，建立了寿福寺。最后于1202年在京都创建了建仁寺，并最终在建仁寺圆寂。

圣福寺是日本第一座禅寺，位于福冈县福冈市博多区御供所町，后鸟羽天皇曾赐牌匾"扶桑最初禅窟"。乘坐福冈市地铁空港线在祇园站下车徒步3分钟即到。

寿福寺位于神奈川县镰仓市扇谷，创建于1200年，内有北条政子之墓，乘坐JR横须贺线江之岛电车在镰仓站下车步行15分钟即到。

建仁寺位于京都府京都市东山区，创建于1202年，但因为历史上发生过三场火灾，因此创建之初的建筑物已不复存在。寺内藏有日本国宝《风神雷神图》等。乘坐京阪本线在祇园四条站下车后徒步7分钟即到。

日本茶道史上有一段公案至今未解，那就是"日本的茶祖"到底是"遣唐使"最澄大师，还是"留宋僧"荣西禅师？此篇并不意在破解这段公案，只想在讲了最澄大师的故事后，再讲一段荣西禅师的故事。对于我来说，他俩谁是"日本的茶祖"并不重要。

留学海外，在今天已是一个讨论之多几乎令人疲劳的话题。但是，以"海归"的身份回国后，因深感自己没有学到位，几年后再次奔赴同一个国家学习，学成后再次作为"海归"回国的人，无论是在古代还是今天，为数都是不多的。但是，荣西禅师就是这么一个人。

荣西天生不幸，生下来三天，母亲就拒绝给他哺乳，只因为怀胎不足十月，横遭邻舍非议。荣西天生有幸，自幼跟着在神社做祠官的父亲读书，打下了深厚的佛学、文学和汉学功底，让同龄人脱了鞋光着脚都追不上。荣西天生不幸，被人嘲笑"汝有辩才，惜身貌矮丑"。这种缺陷靠后天的努力也无法改变。荣西天生有幸，在28岁那一年，乘商船从日本的南大门——博多出发，漂洋过海，抵达中国大宋的明州(今浙江宁波)。人生，不幸与幸常常是交替而行的。

荣西第一次留宋，为时不长，只有5个月。我不知道他匆匆忙忙回国是为了什么，是急着建功立业呢，还是有什么位子在等待着他？但我知道他回国时带走了60多卷佛教书籍，这在当时是无价之宝！近20年后，也就是荣西47岁那一年，他再次乘船渡海来到大宋的临安(今浙江杭州)。这次，他留宋4年。有人说他最大的收获是继承了临济宗这一禅宗脉系。我呢，则想说，凡是到海外留学的人，都是有点贪心的人，都希望能够在自己憧憬的国度多学一些，再多学一些；多得一点，再多得一点。我看到，荣西这次回国时不仅依然带上了中国的佛教书籍，还悄然带上一些茶种。当然，这4年间养成的饮茶习惯，在日后更是得到淋漓尽致的发挥。

日本茶道史上有这样的记述：荣西在他登陆的地方——九州平户岛的富春院播撒下从中国带回的茶种，后来又在背振山灵仙寺种植。在荣西的推动下，种茶、品茶成为僧侣禅修的一部分。我要说，这样的记述是不全面的。因为荣西在第二次作为"海归"回国以后，凭借着"留宋"的背景，四处传教，很快遭到冷眼、排斥、打击以至于政治迫害，以至于朝廷宣布禁禅。京都之大，叡山之高，却容不下一个荣西禅师了！

天赐良机。就是在这个眼看着走投无路的时刻，1200年，荣西受聘成为镰仓幕府第三代将军——源实朝的私人老师。荣西将茶推荐给了源实朝将军，对茶的作用做出高度赞扬，并没有强调茶与禅的关系，完全淡化了茶与宗教的关系，而是把茶说成"灵丹妙药"。他说："茶也，末代养生之仙药，人伦延龄之妙术。"把茶的功效与延年益寿拉上关系，这正是荣西的聪明之处。

荣西在71岁高龄的时候写下日本历史上第一部"茶经"——《吃茶养生记》。荣西把这本书进献给镰仓幕府的第三代将军源实朝，并且按照中国的制作方法把自己种植的茶叶做成茶饮给将军喝下，本来身患沉疴、让名医束手无策的将军居然就这样被几杯茶治愈了，茶的作用和荣西的形象瞬间就被"拔高"了。不过，这种说法似乎有意夸大了茶饮的神奇。我宁愿相信另一个版本：将军源实朝在宴会中喝了个酩酊大醉，就在他头晕脑胀苦不堪言的时候，荣西献上了一盏茶，源实朝喝了之后感觉神清气爽，减轻了痛苦，他开始相信荣西宣扬的，茶是有"长生不老"神奇功效的仙药了。荣西所生活的镰仓时代，日本人的平均寿命只有三十几岁，再加上战乱、灾荒这些无妄之灾，即使是手握大权的幕府将军，也很难善终。源实朝很清楚，自己的老爸、镰仓幕府的开创者源赖朝也只活了52岁，哥哥源赖家更惨，在22岁的时候就被北条时政害死。既然外戚干政，大权旁落，自己不过是个"吉祥物""装饰品"，与其螳臂当车，还不如修身养性颐养天年。有了第三代将军源实朝的首肯，本土化的"中国茶文化"终于在日本站住了脚。在此之前，茶道文化还局限于寺院之内、僧侣之间，被称为"寺院茶"。由此开始，茶道渐渐得到武士阶层的重视，由"寺院"走向"书院"。

这里还有一个有意思的插曲。荣西和尚回到日本之后不久，又将这珍贵稀有的茶种分赠给了明惠上人，明惠上人不负重托，将茶种带回梅尾（今天京都西北部的清泷川附近）高山寺，小心翼翼地按照荣西传授的方法栽种。今天无论是在日本游的旅途中，还

是在国内遍地开花的日式甜品店，说起日本的茶，就一定少不了"宇治"，但是在当时的日本，人们只认明惠上人栽种的这些茶树为"正统"，只有梅尾产的茶才

有资格贴上"原产地标识",被视为血统纯正的"本茶",其他地方产的茶,只能被称为"非茶"。听听,这名字就透着一股子歧视的感觉。室町时代的贵族们流行的一种娱乐——斗茶,其实就是聚在一起分辨"本茶"和"非茶"。为荣西正名,是江户时代中后期的事情。在茶道文化最鼎盛的千利休生活的时代,人们把明惠上人看作带来茶道文化的"普罗米修斯"。

说到这里,我突然有了一个疑问。在今天,中国的许多中药配方都是国宝级的秘密,禁止外泄,在当年,如果有人胆敢携带蚕种出关,也是要掉脑袋的。而荣西禅师当年不仅携带茶种从容走出大宋的国境,还把种茶、制茶、饮茶的方法也带进日本,他究竟是"走私"还是申报"海关"取得了大宋官方的许可呢?

2. 佐佐木道誉：一介武夫将"斗狗"改为"斗茶"

旅游小贴士

佐佐木道誉在隐居中迎来人生的终点，78岁时去世，葬于滋贺县甲良町的胜乐寺，戒名是胜乐寺殿德翁导誉。如果大家想看一眼这位"文雅"武夫的容貌，也可以前往京都国立博物馆欣赏。

在日本茶道史上，佐佐木道誉占有重要的一席位置。其贡献之一是把来自中国宋朝的"斗茶"发扬光大了。中国读者看到这里，一定会"甜蜜蜜"，笑得甜蜜蜜，因为"霓虹金"又一次拜倒在我大中华瑰丽文明之下。

不过且慢，佐佐木道誉一介粗犷豪放的武夫会喜欢"斗茶"，并不是真的对品茶评水这种细碎文雅的娱乐活动有兴趣，而是另有所图。镰仓时代末期的"执权"北条时政喜欢"斗狗"，佐佐木道誉眼睁睁地看着他在"斗狗"娱乐中把一个政权活活地"斗"没了。他真的痛心疾首，他痛定思痛，希望痛改前非，决定引领着众人不再玩"斗狗"，而改玩"斗茶"。这样做，相对文明一些，绝对文雅一些，档次那就不是高一点的问题了。

话说回来,"斗茶"这玩意,的确产生于 12 世纪中国的宋朝,两百多年后传入日本。那时候,凡是从中国传来的,都是潮流风向标,你不紧跟时代的潮流,就没人带你玩;凡是从中国传来的,都代表着高大上的生活品质,你不玩就无法彰显自己的身份。于是,不甘人后的佐佐木道誉该出手时就出手了。

有人喜欢低调的奢华。佐佐木道誉不是这样,到他这里,"斗茶"不再简朴,不再文雅,而是恣意的挥霍,极尽奢华。但是,茶道专家则说,佐佐木道誉的"斗茶",将中国宋代的"斗茶"改成了日本2.0 版,更加游戏化、系统化、复杂化。如此历史爬梳,令人不知该作何评价。

这里还要讲讲日本茶道史上另外一个精彩片段——待敌如客。

说起来,那是 1361 年(康安元年)12 月 3 日,日本南朝大将楠木正仪率领大军猛烈进攻京都,室町幕府第二代将军足利义诠不得不率领群臣仓皇出逃。

历史上,那些千钧一发的重大关头,往往会激发出经得住考验的重大历史智慧。身为侧侍,佐佐木道誉当然要跟着将军足利义诠撤离,人走楼空之后,自己这座精美纤巧的庭院必然落入敌手,究竟会被拿来"水煮"还是"烧烤",真是无法预料。他在庭院久久地徘徊,内心的那种眷眷依恋,非他人能知。在把铺路石磨平之前,佐佐木道誉终于停下了转圈圈的脚步,他眉头一皱,计上心来,开始不慌不忙地做起了精心布置。

佐佐木道誉明白将来能够入住自己豪华府邸的必定是南朝的

高官,还有可能把这里设置成敌军司令部。于是,他命令手下把整个宅邸打扫得干干净净,然后给自己最为喜欢的茶会所的房间换上崭新的带有细致花纹的榻榻米,同时在书院正中悬挂了自己收藏的中国晋朝有"书圣"之称的王羲之以及唐宋八大家之一韩愈的珍贵书法作品。此外,还摆上满满三大缸酒。最后,他留下两名僧侣看守家门,出人意外地嘱咐他们:"敌人如果进来了,你们要像平常热心招待客人一样款待他们。"榻榻米散发着稻草的芳香,中国字画条幅透着端雅的墨香,坛中精酿弥散着诱人的酒香,这些都准备停当后,他才恋恋不舍地转身随军撤离京都。

8日夜里,最先闯入佐佐木道誉宅邸的人正是楠木正仪。眼前茶会所的房间情景让他大吃一惊,洁净中有一种安详静谧,中国书画中透着丰厚的文化底蕴,而那弥漫的酒香犹如邀请帖一般,在内心激起一阵感动的波涛。当时,佐佐木道誉的仇敌细川清氏要求立即一把火烧毁这座令人憎恨的宅邸,遭到楠木正仪的坚决制止,他命令属下不能破坏这个茶会所的一草一木。

而南军好景不长,由于扛不住北军的坚决反击,在26日深夜便撤出了京都。临行前,楠木正仪又一次来到佐佐木道誉宅邸的茶会所,准备了比此前更为丰盛的酒肴,还留下一副珍藏的铠甲和一把银制的太刀,并指派两名随从负责回礼,以此来感谢佐佐木道誉的盛情款待。

几天过后,佐佐木道誉跟随足利义诠返回生灵涂炭的京都。当他看到自家宅邸依旧在,茶会所丝毫无损时,内心也是感慨无限。

这个故事,出自军记物语《太平记》,时至今日仍在日本社会广为流传。至于如何评价这种在铁火交锋的战场上"待敌如客"的做法,见解肯定是不一致的。其实,说佐佐木道誉老奸巨猾试图以此保住自家豪宅也罢,说他热爱茶道自扮风流以另类手法打动敌方也罢,反正他是这样做了,预期的效果也真的达到了。而楠木正仪呢,也绝非一个等闲之辈,他透过这番精心布置看穿了佐佐木道誉内心的想法,自己的所作所为也展现了视敌如友的大将风度,没有辱没其父楠木正成的英名。

他们这种"默契"的做法,是因为共同喜欢茶道?还是以茶为媒传递着一种精神?

室町时代

3. 足利义满：传位于子后转身喜欢上"斗茶"

一提到第三代将军足利义满，看过《一休哥》的人都会觉得超级耳熟，对，他就是那个动画片里爱给一休出难题的将军。当然，更为闻名的，就是他所设计建造的金阁寺了。

金阁一共有三层楼阁，一楼是延续了当初藤原时代样貌的贵族建筑风格的"法水院"，二楼是镰仓时期的武士建筑风格的"潮音洞"，三楼则为唐朝禅宗样式的"究竟顶"。顶端露盘上有象征吉祥的金铜凤凰。20世纪50年代，金阁寺几乎在火灾中损毁，现在我们能看到的金阁寺是重建而成的，其外观的金箔也是1987年重贴的。它将传统的公家文化与阿弥陀信仰、观音信仰、武家风格的禅宗文化完美地调和在一起。不仅是游览京都必看之所，也是游览日本必看之所。

莫惜连船沽美酒，千金一掷买春芳。在中国，石崇斗富，邓通铸币，自古以来挥金如土的奢靡事例不胜枚举。在室町幕府时代中期的日本，要论生活做派的奢侈程度，如果说第三代将军足利义满是第二，那么就没有人敢称自己是第一。至今依然矗立在京都市北区的光芒四射的金阁寺，就是最好的证明。

金阁寺所处的衣笠山一带，也被称为"北山"。当年，这里长满茂密的森林，既是一片狩猎之地，又是一片坟墓之地。是足利义满，用兴建金阁寺的方式改变了这里的地理性格，从此开创了"北山文化"，这背后所代表就是传统的贵族文化和新兴的武家文化的融合。

雍容华贵的金阁寺是一座立于镜湖池畔的三层楼阁状建筑，一楼是延续了当初平安时代贵族建筑风貌的"法水院"，二楼是镰仓时代武士建筑风貌的"潮音洞"，三楼则为中国大唐禅宗佛殿风貌的"究竟顶"。看起来，这座金碧辉煌的建筑处处与佛教相关，但若脱去宗教的外衣，这里不过是足利义满玩赏茶道的一处"黄金屋"。

众所周知，茶叶是由中国传入日本的，因此在日本茶道兴起之初，受中国文化影响的痕迹较重，日本人对中国的器物墨宝，即所谓的"唐物"，显示出强烈的关心，并称之为"唐物数奇"。到了足利义满的时代，盘踞中国地方（日本本州岛西部）以及北九州的豪族大内氏的势力开始衰落后，足利义满趁势抢占了对方与中国交易货物的贸易权，将众多价比黄金的"唐物"珍品收入自己囊中。

在足利义满36岁的时候，他把将军之位传给了儿子足利义持，自己则出家作了僧侣。尽管如此，他其实还是"太上皇"，当时公家和武家的实权仍然握在他的手中。1402年，一直想与明朝建立外交关系却屡遭拒绝的足利义满，终于凭借自己的"诚意"行动与明朝正式建立了外交关系,并被朱棣皇帝封为"日本国王",由此也建立了贸易关系,"勘合贸易"的一艘艘商船,满载着中国的茶叶和文玩抵达日本。受足利义满个人喜好的影响,社会上形成茶道器具的"唐物一边倒"现象。同时,也正是因为中国茶器的传入,日本的茶道得到了更长久的进步和发展。

在那个时候,所有由中国驶来的商船都要先运到足利义满将军这里。足利义满拥有率先挑选出最顶尖"唐物"的特权,挑剩下的才轮到其他人。久而久之,金阁寺就成了名副其实的"黄金屋""聚宝盆"。中国的项羽曾说:"富贵不归故乡,如衣锦夜行,谁知之者?!"这道理,足利义满最懂。辉煌耀目的金阁寺落成之后,心满意足的足利义满频频邀请宾客至自己的新寓所,一边享受众人对这座金碧辉煌的宏奇建筑的连声赞叹,一边把玩着来自中国的奇珍异宝谈笑古今。

足利义满尤其喜欢举办茶会,过了不久,单纯的煮茶、饮茶已经无法满足他的需求,发源于中国唐朝盛于宋朝的"斗茶"活动进入其视野。足利义满对斗茶进行了"改革",他拿出珍贵的"唐物"作为奖品,猜对了茶的品种的来宾就有可能赢得将军独有的"唐物"中的佼佼者。这一奖励措施极大地刺激了来宾的热情,一时之间,人们都热衷于饮茶品茶评茶,自上而下地推动了斗茶活动的流行,足利义满的"斗茶"改革为镰仓时代盛行的"寺院茶"向代表武士文化的"书茶院"过渡做了铺垫。

足利义满为了购买名贵唐物赏玩,常常入不敷出。但他并没有就此收手,而是想出向酒屋跟典当铺征税的应对方法。足利义满的茶室内往往铺有昂贵的毛毡和虎皮，其本人特别喜欢靠坐在中国风的椅子上，旁边侍立天竺国的高僧，在丝丝缕缕的茶香萦绕中，恍惚间仿佛到达西天净土，沉醉其间，乐不思蜀。

所谓秀色可餐，和好看的人儿一桌吃饭，都能多吃两碗饭。在当时的茶会上，有一道亮丽的风景——常常由年轻美貌的男子来负责点茶布道。记录室町时代茶会以及饮茶知识的《吃茶往来》一书中便有十七八岁的少年点茶的记载。另外，《南方录》还记载，在足利义满的三儿子足利义教为庆祝病症治愈而举办的茶会上，出现了一位名叫"赤松贞村"的年轻武士，"贞村不仅是世上寥寥可数的茶人，也是不可多得的美男子。"

带着些许赌气的成分，或者应该说是示威，以足利义满为代表的武士阶层有意将茶道文化推向华丽张扬的方向，与平安时代贵族阶层崇尚的纤丽优雅之风大相径庭。遗憾的是，足利义满的茶汤过于追求表面的绚丽，而失去了渗透心灵深处的细腻精神元素。在个人修养上无法与公家比肩的武士们，将充斥异国文化色彩的茶文化连同追求华丽的风格引入自己的生活中，虽然精致的形式追求抵消了一部分粗陋之处，然而武士们由于自身的局限性依然很难使这种高雅的文化产物充实起来，其内核最终还是干瘪的。

没过多久，对这种奢靡风气的批判声音越来越多，"北山文化"也逐渐没落，代替它的，则是以银阁寺为代表的强调内心自省的茶文化。

4. 足利义政：不大为人知的日本茶道的另类始祖

旅游小贴士

足利义政没有等到银阁寺竣工，就在 1490 年以 55 岁的年龄去世。幸运的是，我们今天可以通过银阁寺来感受他所引领的东山文化。如今，银阁寺也作为古都文物的一部分，入选世界遗产，并且和金阁（寺）、飞云阁并称"京三阁"。

银阁寺的外观和其名字有些不符，其并不是银光闪闪的，而是覆着一层黑漆。有一说是，当初设计时的确计划在外面贴上银箔，但由于幕府财政困难，未能实现；另有一说是，之所以叫银阁，是因为外墙上的黑漆在日光的照射下呈现银色的光辉；还有一说是，刚开始真的贴满了银箔，就像金阁寺贴满了金箔一样，但后来银箔脱落了。不过最后这种说法在 2007 年 1 月被推翻，科学调查结果显示，银阁寺一开始就没有贴过银箔。

如果没有弟弟的经济支持，凡·高不可能留下那么多震撼人心的巨作，所以，当我们沉醉于《向日葵》的热烈时也不能忘记提奥

19

的付出；如果没有那些供养人出钱出粮，我们今天也不可能在精美的石窟雕像面前膜拜慨叹。一方面，人们盛赞艺术家"不为五斗米折腰"的追求；但另一方面，人们也不得不承认，正因为有了金钱的支持，艺术才得到了长足的发展和普及。对于日本茶道来说，室町幕府的第八代将军——足利义政就是一位非常重要的艺术上的经济赞助人。

正如人们在日本旅行时所见，银阁寺远远不如金阁寺那般辉煌、那般灿烂，在中国人的印象里，足利义政似乎也不如他的祖父、室町幕府第三代将军足利义满那般光芒耀目。从日本的权力史来看，足利义政也确实是一个不合格的统治者，在他统治的这段时间里，足利家的绝对权威遭到瓦解；但足利义政又是一位极富艺术感的赞助人，为后世留下了辉煌的、可以与祖父足利义满开拓的"北山文化"相呼应的"东山文化"——佛教文化与武家文化的融合，日本茶道史也因此发生历史性巨变。

1467 年，日本历史开始了长达十年的"应仁之乱"，京都因此化为一片灰烬。今天，我听到许多日本人感谢"二战"期间美军空袭日本的时候没有空袭京都，因而保留了这座"千年古都"，可我很少听到日本人谴责当年"应仁之乱"的始作俑者彻底摧毁了京都！

"应仁之乱"，彻底动摇了足利家族的统治权威，奏响了室町时代落幕的尾曲，归咎起来，罪责当然要记在足利义政身上。如果不是他放任妒意勃发的老婆日野富子把 40 多房姬妾赶尽杀绝，就不会因为没有子嗣而立弟弟作为继承人，更不会使得后来他和日野富子的小儿子足利义尚出生之后又在叔侄之间产生残酷的继承权之争。

势利眼的大名们也分成两派,谁也不把将军足利义政的命令当回事,到了1473年冬,深感被边缘化的足利义政干脆舍下他耗费财力营建的花之御所,把政务一股脑儿地丢给"能巴豆"的老婆日野富子,自己躲到小川邸隐居去了。这个时候,他创造出一道日本百姓至今仍然喜爱的"国民餐"之一——"御茶渍"。之所以叫"御",无非因为这是由将军创造出来的;所谓的"茶渍",其实就是茶水泡饭。后世人评"御茶渍"——"既可以作为欢愉舌尖的奢侈晚餐,也可以作为抚慰人心的实用轻食"。

话说回来,想过清净日子?没那么容易。三年之后,一场大战把足利义政的花之御所焚为灰烬,日野富子带着儿子来小川邸投奔老公足利义政了。足利义政和"亲老婆""亲儿子"的关系并不那么融洽,1483年,东山别墅落成,为了眼不见心不烦,足利义政又一次脚底抹油——溜之大吉,他逃到东山别墅,沉醉于佛经茗茶,一个人寻开心了。

东山别墅,说起来也许读者会觉得耳生,但如果说起"银阁寺"来,一定会恍然大悟。得名"银阁寺"是因为东山别墅的主建筑中有一座二层阁楼——东求堂,一座可以与金阁寺相提并论的建筑。金阁寺有金,银阁寺却无银。有人认为这是因为足利义政囊中羞涩,可是,这"无银"银阁寺的东求堂中还有一间"同仁斋"茶室,面积只有四帖半。据说,这是日本第一间面积为四帖半的茶室。这才符合足利义政禅茶清静寂净的审美体验,"东求堂"也因此成为日本的国宝。

在足利义满去世后一度中断了的与中国大明的"勘合贸易"，在足利义政的推动下得到恢复，大批中国瓷器因此运抵日本，许多在今天称为"重要文化财"的"唐物"茶器和画轴漂洋过海来到足利义政的宅邸。

足利义政任命能阿弥为"同朋"，负责筛选和整理足利家族收集的各种来自中国宋元两朝的艺术品，能阿弥把遴选出的艺术品分为上、中、下三大类，又把其中的上品和中品之中出类拔萃者归为一类，统称为"东山御物"。今天收藏于五岛美术馆的著名的"芦屋狮子牡丹地文釜"和充满传奇色彩的"九十九茄子"都是经能阿弥慧眼而入选"东山御物"的珍品。

也正是在足利义政的支持下，能阿弥制定了台子点茶的规范。尽管千利休并不擅长程式繁复的台子点茶，在丰臣秀吉举办的台子点茶茶会上有些取巧地胜出，但他还是无法否认台子点茶的重要地位。南坊宗启的《南方录》中明确记载着他的老师千利休在集云庵的讲话——"茶之汤以台子为根本"。

更为重要的是，足利义政在能阿弥的引荐下见到日本的"茶祖"村田珠光。以往诸位大名借以炫耀掠夺天下财富的茶会，从此为之一转，古朴的民间茶风与高雅的贵族文化结合，一股新的"草庵茶风"风靡起来，日本茶道借此完成了一个华丽的转身。

《阴凉轩日录》有这样的记载：足利义政非常喜欢庭院里面的松树。他在银阁寺内铺上白砂满地的"银沙滩"以及由白砂堆积的"向月台"。他喜欢长时间待在向月台上，观白砂起伏的银沙滩、望郁郁葱葱的松林树。每每这个时候，他都会搬出一个圆圆的茶釜，添炭，点水，斟茶，然后闭上眼睛静静地倾听那咕嘟咕嘟带着蒸汽的煮茶声与薄暮中传来的阵阵松风声。此时此刻，让足利义政陷入自弃性的自我忘却；此情此景，让足利义政远离那一场又一场用血洗血的无情战争；此地此声，让足利义政把家庭的烦恼置之度外。足利义政说："茶汤是我的救星！"

可以说，正是足利义政的"玩物丧志"，为战国时代茶道文化的中兴奠定了坚实的基础。或许，这是武家衰亡，茶家兴。这位一手放弃统治权的"昏君"，也是留下了日本最古老茶室和璀璨"东山文化"的艺术赞助人，有人认为日本茶道的始祖应该是足利义政，而非田村珠光，这也不无道理。

5. 古市澄胤：举办 12 场"淋汗茶会"堪称奇葩

乘坐近铁奈良线在近铁奈良站下车后，徒步 7 分钟，就来到了世界遗产之兴福寺。古市澄胤是武将，是土豪，也是一名僧人。他 14 岁在奈良兴福寺出家，并在兴福寺内举办过"淋汗茶会"。1998 年，兴福寺被列入世界遗产，内藏日本国宝 26 件，重要文物 44 件，古市澄胤曾经举办过"淋汗茶会"的大澡堂——大汤屋也是重要文物之一。

末宗广在《茶人系谱》(河原书店出版)里面说，在日本茶道史上，有一个人物不能不提，他的名字叫古市澄胤。他的创举不能不提，他开创了一种新型的奇葩茶会——"淋汗茶会"。

古市澄胤家很有钱，是居住在奈良东郊的豪族。他喜欢一掷千金地赌博，还喜欢花费巨款购买名马，策马扬鞭。他身为僧人和武将，就与许多武士、高僧、艺人有着频繁的来往，玩茶道，唱连歌，弄猿乐，不是附庸风雅，而是要让风雅附庸他。玩着玩着，一个新的点子横空出世。

事情是这样的。从 1467 年(应仁元年)开始的十年间,古市澄胤每年都要举办盛大的"淋汗茶会"。1469 年(文明元年),更是一发不可收拾了一般,硬是在 5 月、7 月和 8 月短短的三个月期间,举办了 12 场"淋汗茶会"。

这种新型奇葩茶会指的是在众人在泡澡之后,全身大汗淋漓,感觉五体通泰神清气爽的时候举办茶会。古市一家的佣人常常是早早地准备好洗澡水,等客人一到,就先请最为尊贵的客人安位寺经觉大僧正入浴。然后,古市家人和客人 150 多人一起集体入浴,最后是佣人入浴。泡澡以后,大家慵懒舒适地进入浴池边的茶席,侍者随即端上来茶屋准备好的一份又一份茶水,茶水分高级的宇治茶和普通的椎茶,以满足不同身份客人的需求。众人一边品茶,一边享用白瓜、山桃、素面等水果点心,旁边有人歌舞助兴。

"淋汗茶会"的茶室建筑采用了草庵风格,柏树皮做的屋顶,竹子做的梁柱,带着树皮的原木做的桌子和橱架。这种古朴粗犷的乡村建筑风格,成为后来日本茶室的基本风格。

据说,当初还有很多人带着盒饭赶来参加"淋汗茶会",而且是男女老少混浴一池。我实在怀疑他们的动机,是要来喝茶,还是要来"泡"妞! 茶与色结合,也算是日本茶道历史上曾经的一绝。不知道这种"淋汗茶会"与日本社会风行日久的男女混浴之间是不是有什么关系。

谷端昭夫在《茶道的历史》(淡交社出版)一书中,对"淋汗茶会"给予了积极肯定,称其"促进了日本饮茶文化的大众化"。这大概是对光屁股喝茶最为"高大上"的提炼和总结。问题是,自从古市澄胤以后,几乎没有人再举办过"淋汗茶会",这说明"淋汗茶会"虽然在日本茶道史上闪烁过"异彩",但终究是"另类"。

据说,古市澄胤本人后来成为日本茶道大师村田珠光的高徒。高徒如何传承大师的茶艺,我并不十分在意。因为日本茶道史上的学生,几乎没有原封不动照搬老师的,唯有搞出一点新花样,才敢称是老师的学生。因此,我更看重村田珠光老师向学生古市澄胤传授了什么。

历史上有这样的记载:村田珠光曾经送给古市澄胤一本秘传书。这种传授,显示了一种信任。《听大师谈茶道》(大米书坊)书中是如此论述茶道——

"此道的第一恶事为不能克己去私欲也。妒忌能者,轻视初学者之事皆为不妥。近能者,了解自己的不足,并虚心请教;对初学者,应设法去培养。此道之一大重点是融合和汉之界线,甚重要,应注意也。

又及,今所言'冷枯'乃初学者以备前物、信乐物等去独创'冷枯'之境地的,虽他人无视乃言语道断也。所说的'枯'要有好的道具,并深知其妙趣,再通遇自身的精神素养,成熟后以此来达到其'冷枯'之意境,也才能生成有趣之极。可是,本来就不行的人,不要拘泥道具的好坏,不管如何技艺高超,无论何时都应有'哀叹'谦虚之心,这很关键。可是,一味地克制自己和过分地任性,对此道固然不算是好事,但此道有时尚需有一股积极的精神。此道名言曰:'古人云,可为心师,勿以心为师。'"在这本书中,村田珠光第一次把日本人玩的茶上升到"道"的高度,这也是日本茶道精神的首论。古市澄胤能够得到如此真传,真是幸哉幸哉!

此外,十分喜欢中国茶具的村田珠光还给古市澄胤写过一封名为《心之文》的信,对使用备行、信乐茶碗行茶道还沾沾自喜的人进行了毫不客气的批判,认为应该使用天目中国茶碗行茶道。

故事讲到这里,我心中有点沾沾自喜。理由,我不说,你也懂的!

战国时代

6. 武野绍鸥：嗅到未来争夺茶具大战的血腥味

旅游小贴士

如今,乘坐阪堺线列车在天神之森停留场车站下车,进入附近的天神之森天满宫内,可以看见一小片树林。这里是日本茶道大师武野绍鸥晚年曾经居住的地方,又被称为"绍鸥之森"。在大阪府堺市堺区的大仙公园内,有一座武野绍鸥的铜像。他的墓地在堺市的南宗寺内。

武野绍鸥,是日本茶道历史上的三大茶道大师之一。关键是其承上启下,上承村田珠光,下传千利休。这一点,历史已经铭记,相关书籍已经多多,我可以暂时不讲。

我要说,武野绍鸥可谓出身不凡。今天,武野绍鸥的子孙手里还持有一份《武野家谱》,足以证明他们就是日本战国时代赫赫有名的"甲斐之虎"武田信玄的后代。看客一定会问,既然出身如此有名堂,为什么不姓"武田"而姓"武野"呢?

是的,武野绍鸥的老爸本来是姓武田的。当年,武野绍鸥的爷爷在铁血纷飞的战乱中死掉,武野绍鸥的爸爸没有老爹可啃了,只好四处漂泊流浪混饭吃。想一想自己混得这么惨，实在是有愧于祖宗的英名，他脑筋一动，痛下决心，把名字从"武田信久"改成了"武野信久"。顾名思义，"武野"——就是武田下野的意思，其中虽然不乏一丝酸楚悲凉之意，但也内蕴着重新崛起的发愤图强之心。

武野信久失魂落魄地在各地游荡，等来到堺这个地方时，终于时来运转，遇到贵人，开始做皮革生意，逐渐积累了大量的财富。当老爸的，给孩子留下赫赫门世固然重要，给孩子留下可用之资也是很重要的。所幸，武野绍鸥是一个货真价实的"富二代"，有了老爸武野信久厚实的经济基础做支撑，他可以自由地安排自己的生活。

当时，"皮货商"虽然有钱，但社会地位不高，被人称为"贱民出身"。武野绍鸥悟出名堂，先是花钱在朝廷买了个官——从五位，下因幡守。有了这个，他就很容易进入新的圈子——京都的贵族圈活动。还好，武野绍鸥没有把眼睛只盯在"钱"和"权"上，他拜当时著名的古典文学学者三条西实隆为师，跟随他学习和歌。这个学习非常重要，日本的茶道日后因为武野绍鸥嵌入和歌的因素而大为改变。

在京都游学的武野绍鸥，机缘巧合地拜访了奈良的油漆商松屋家。在那里，他有幸见到了在茶人中久负盛名的"松屋三名物"——由"茶祖"村田珠光亲自装裱的白鹭挂轴、从村田珠光手中购得的茶具松本肩冲和填漆长盆。武野绍鸥看到那幅著名的中国五代画家徐熙的白鹭图后，被村田珠光用质朴简拙的装裱搭配纤秀清雅的画面的境界所折服。32岁的武野绍鸥从此脑洞大开，下定决心要修习茶道。

成名不怕晚，只要咱有钱。在那个年代，如果手中没有"唐物"茶具，那就意味着永远没有资格成为茶道名人。中国的"唐物"，是那段岁月日本茶人身份和地位的象征。武野绍鸥38岁时回家继承了老爸丰厚的家产，财大气粗底气足，他一生总共收集了大约60多件"唐物"茶具。

我特别注意到，武野绍鸥在告诫弟子千利休的十二条中，有一条是这样写的："不要贪图他人的名器"。此时此刻，武野绍鸥内心中似乎已经预料到，围绕着珍贵的茶具，将有一场又一场充满血泪的厮杀。或者说，他已经嗅到未来争夺茶具的血腥味道。话说回来，如果"不贪图他人的名器"，武野绍鸥又怎能收集到如此众多的"唐物"茶具呢?!

喜欢收集文物的人，最后大多能够成为文物鉴赏专家。武野绍鸥也是如此。《山上宗二记》里说，"当代千万之茶具，皆出自绍鸥明眼"，"千万"件可能有夸张的成分，但是经武野绍鸥慧眼发掘的茶器确实不少。如今自成一派的"信乐水罐"，就是武野绍鸥根据农民储存谷物的陶壶改造成的茶罐。

武野绍鸥还根据中国的天目茶碗烧制出更具"日本版"特色的天目茶碗，将隐约闪现七彩光泽的"唐物"美学风格转变为更突出蓝色的寂静的日本化审美情趣，进一步推动了茶道日本化的步伐。今天，这种在濑户烧制的、被称为"绍鸥天目"或者"濑户白天目"的茶碗，已经成为日本重要的文化遗产之一。

武野绍鸥还革新化地将陶质或金属质的锅盖架改为竹质锅盖

架,开创性地把杉木做成的吊桶当作水罐放在夏天的茶室内,使滥觞于村田珠光的"侘"茶艺术进一步形象化。可惜,因为自己的徒弟千利休的名气太大,后世的人们往往把师父武野绍鸥的发明和革新都算在徒弟千里休身上了。

还要讲一个小常识。每次,我在日本采访各界人士结束的时候,都会拿出一块长27厘米、宽24厘米的金色镶边的白色方形厚纸笺,请受访者用毛笔在上面写下自己信奉的座右铭,或者写下自己最喜欢的一句话。这样的方形厚纸笺,在日本叫作"色纸"。人们很少知道,"色纸"飞入寻常百姓家,与日本茶道大师武野绍鸥息息相关。

原来,壁龛挂轴是日本茶会最重要的道具之一。在武野绍鸥之前,茶室里所挂之物,或者是漂洋过海而来的中国名画,或者是禅宗和尚的墨宝。但是,武野绍鸥玩了一个"去唐化",把藤原定家书写在"色纸"上的阿倍仲麻吕的和歌悬挂在壁龛上,从而让日本茶道向民族化迈出了重要一步。从此以后,日本茶室的挂轴变得形式多样起来,"色纸"虽未达到洛阳纸贵的程度,但却从此悄然时尚地流传到今日。

武野绍鸥怎样死的,至今是一个谜。尽管许多日本学者否定,我还是要把一个说法告诉各位看客,那就是"信长毒杀说"——织田信长任命武野绍鸥做茶头,武野绍鸥深知"伴君如伴虎",表示拒绝。织田信长也干脆,下毒把他杀死了!

玩茶道,真的很好吗?

7. 松永久秀：因进献茶具而生拒献茶具而亡

旅游小贴士

作为历史上第一个"自爆"的日本人，松永久秀至今是头、身分两处而葬，身体葬在奈良县北葛城郡王寺町本町的达摩寺内，乘坐JR大和路线在王寺站下车，转乘奈良交通巴士在张井站下车，就能看到达摩寺。在寺内一个像子弹头一样毫不起眼的墓碑下，就是松永久秀的埋身地。据说他的头部葬在京都市下京区的妙惠会总墓地里，但是没有明显的墓碑标记。

茶具与生命紧密相连。看到这句话，有人会说，日本许多茶道大师都说过，"茶具是具有生命的"。此刻，我要讲的，并非复述日本茶道大师的陈言，而是说日本茶道史上曾有过因奉献茶具而得以生存、因拒献茶具而导致死亡的悲惨故事。

松永久秀，被称为"战国三枭雄"之一。此人喜欢搞阴谋诡计抢班夺权，还在1565年发动"永禄之变"，唆使他人杀害了室町幕府第13代将军——足利义辉。但是，我们要承认松永久秀是一个"有文化的流氓"，他虽然心黑手狠，却在多年行伍生活中收集了许多珍贵的茶具。我猜想，一方面是松永久秀从内心里喜欢这些茶具，另一方面是松永久秀也预料到这些茶具日后会有他用。

1573年，当织田信长以拥护足利将军的大义名分"上洛"——进入京都时，本意要杀掉送松永久秀为足利义辉将军报血海深仇。谁料，这小子善于把脉，早已知道织田信长的所好，温顺地送上了两件极其名贵的茶具：一个是"茶入"——"作物茄子"，又称"九十九发茄子"，一个是名刀——"天下一振吉光"。"九十九发茄子"是从中国进口的"唐物"中极品的极品，因日本茶道大师村田珠光花费99贯高价购入而得名，专家们都认为这是战国时代的第一名品。

对于阴鸷贪婪、毫无信义的松永久秀，织田信长心中顾虑难释。这也难怪，1568年，松永久秀曾经投靠过织田信长，但1571年又与武田信玄结盟，背叛了织田信长。这次，松永久秀的归顺是真的吗？结果，"九十九发茄子"为松永久秀的安全加分不少，织田信长得意地说："如果不是你小子识相，及时献出这个宝贝，你现在只能跟阎王爷喝茶了。"松永久秀因为献上茶具，而保住了自己的领地和身家性命。

织田信长到底有多么喜欢"九十九发茄子"这个茶叶罐呢？一句话告诉你，织田信长是随身携带，以至于"本能寺

之变"突然发生时,这个茶叶罐也和他一起葬身在火海之中。

"九十九发茄子"的下落众说纷纭。但是,我相信它大难不"死",后来转到了丰臣秀吉的手中之说。在大阪夏之阵中,"九十九发茄子"再次经历火海洗礼,受到损毁。之后德川家康为了把"九十九发茄子"恢复成原来的样子,很是花了一番工夫。后来,这个"九十九发茄子"又落到三菱财阀的岩崎家族手中。这只沾满了鲜血和怨念的茶叶罐似乎总会给主人带来不幸,尽管如此,人们对它的热情丝毫不减。今天静静地躺在东京世田谷静嘉堂文库美术馆的"九十九发茄子"复制品,依然引来众多游人一睹芳容。

扯远了,往回说。尽管成了织田信长的下属,但松永久秀内心炽燃的政治野望并没有湮灭。他一生渴望遇到明主,对所遇到的每一位掌权者却都不认可,史书上称他有"谋反之癖"。

1577 年(天正五年),织田信长陷入毛利辉元、本愿寺和上杉谦信三大势力的联合夹击中,尤其是"军神"上杉谦信的"上洛"——进入京都的锋芒几乎牵制了织田信长的全部精力。松永久秀以为机会到了,再也按捺不住自己,毅然在居城信贵山城举旗谋反。

结果,这次松永久秀失算了,织田信长军的潜力超出他的估计,信贵山城很快就陷入被重重包围的绝境。不过,织田信长还是给了他一个生机,放话说只要松永久秀能够献上自己珍藏的国宝——"古天明平蜘蛛"茶釜,就可以再次获得原谅。对此,松永久秀保持了沉默,既不说行,也不说不行。织田信长恼火万分,认为这是敬酒不吃吃罚酒,于是把扣留在自己这里作为人质的松永秀久的两个十二三岁的儿子押到六条河原斩首示众了。

这个"有文化的流氓"终于回话了："在这个世界上，我不想让织田信长看见的东西有两个，一个是我的脑袋，一个就是'古天明平蜘蛛'。"当织田信长军攻入山城，68 岁的松永久秀做出平生最后一个出人意料也非常不符合茶人身份的举动，他在"古田明平蜘蛛"茶釜中装满炸药，然后引爆，让自己与"平蜘蛛"茶釜同生死共存亡。

这样，松永久秀也成了日本历史上第一个"自爆"的人物。

8. 稻叶一铁：只因深爱茶碗选择叛主弃国

旅游小贴士

乘坐揖斐线在清水站下车后，徒步 13 分钟，就能看到稻叶一铁夫妇长眠的清光山月桂院。1581 年，稻叶一铁的原配夫人去世，他将夫人住过的老宅改建成妻子埋骨的寺院，又因为妻子法名月桂周芳大姐，故而他将这个寺院命名为少林山月桂院。1588 年，稻叶一铁去世，也按照遗愿葬入了月桂院。在稻叶一铁之孙稻叶通重因罪流放后，月桂院一度失去了庇护者，变得荒草丛生，仿若《聊斋志异》中鬼狐寄身的古刹。1679 年，彦根藩主井伊家感怀稻叶一铁的恩义，重新修缮了月桂院，于是才有了今日香火兴隆的清光山月桂院。

在日本茶道历史上，茶会并非总是温文尔雅、和敬清寂，有时也犹如危机四伏的"鸿门宴"。

稻叶一铁，原是美浓国领主斋藤龙兴手下的三员重将之一，有着"战无不胜"的美誉。当织田信长揭开"统一天下"的征战序幕后，首先在 1567 年(永禄十年)把矛头直指美浓国。结果，这一次稻叶一铁等三员重将不但没有勇猛拼杀，反而做出了让主子最为伤心的事情——不战而降。这样，斋藤龙兴想不被消灭也没有可能了，美浓国顺顺当当地落入织田信长的手中。

这里，插播一段广告。织田信长拿下美浓国后，将其改名为"岐阜"。据说，"岐"取自中国先秦周文王开创江山之地——陕西的岐山，一下子坐了 800 多年的天下，有安稳、安定和安全之意。"阜"字取自中国孔子的故乡曲阜，有学问、学术、学习之意。织田信长希望美浓将来不再有战火，成为"安稳和学问之地"——"岐阜"。时至今日，日本有 47 个都道府县，"岐阜县"就是其中之一。我呢，一直因此怀疑织田信长是"中国通"，并将此作为自己未来研究的一个题目。

话说回来，对于降将，特别是重量级的降将，织田信长自然是疑虑重重的。何况任何领导身边都不缺给他人上眼药、进谗言、穿小鞋的人。有一天，织田信长决定举办茶会招待稻叶一铁。而接到邀请函的稻叶一铁心里似乎也期待着什么，爽快地答应了。

茶会那天，稻叶一铁和三位陪客寒暄过后一同步入茶室。但是，小小的茶室里并不见一人，隔壁则隐隐有闪闪刀光。他们细细地看着墙上的挂轴，那上面书写着中国唐代诗人韩愈的两句诗："云横秦岭家何在，雪拥蓝关马不前。"几位陪客因为也是耍枪弄棒的，文化水平不高，不明白这两句汉诗的含意，就虚心地向作为主宾的稻叶一铁请教。从小身在寺院中的稻叶一铁汉学功底不错，当即毫不皱眉地把整首诗都吟诵出来，接着还一句一句地详细解释了该诗的意思以及韩愈当时被贬流放的凄苦心情。

当时,织田信长一直在隔壁的厨房里窥视着茶室中的动静,听完稻叶一铁和陪客的这番对答,十分惊叹他有如此丰富的知识素养,迅速走进茶室,对稻叶一铁说道:"初以汝为一鲁男子也,不意有文学如此。"于是,织田信长敞开胸怀,一五一十地把今天茶会实际上是日本版的"鸿门宴",品茶只是个幌子,真正的目的是要诛杀稻叶一铁,并且早已命令三个陪客在怀中暗藏了利刃等实情告诉了他。谁想到,稻叶一铁也拿出怀中所藏的一把匕首,笑着对织田信长说:"吾今亦不愿徒死也。"接着表示今后将竭尽忠勇、粉身碎骨以报答织田信长的知遇之恩。

据说,织田信长对稻叶一铁当场表现出来的耿直与忠诚赞赏有加,从此以后倍加信任。我却搞不明白,这是因才(能)获信呢?还是以茶试信呢?

我看过日本静嘉堂美术馆收藏的一只茶碗——稻叶天目茶碗,据说这是全日本最有名的一只茶碗了。为什么有名呢?有人说因为产地有名。这只茶碗产于南宋时代,是从中国流传到日本的。有人说是因为年代有名,这只茶碗已经有 800 多年历史了。有人说是因为制作有名,这只茶碗当初并不是这样的,它是在使用200 多年后,油滴周围的金属离子发生作用,让其出现了蓝色的变化,才成了名品。更有人说是因为持有者有名,它的主人是稻叶一铁,所以它叫稻叶天目茶碗。

前面我们讲到织田信长攻打美浓国的时候,有着"战无不胜"美誉的稻叶一铁突然"不战而降"了。为什么呢?原来,那时织田信长早已看上稻叶一铁,知道只能智取不能硬攻,便把拉拢稻叶一

铁的任务交给"猴子"丰臣秀吉。这小子一个脑筋急转弯,就决定派忍者去把这只茶碗偷了出来。稻叶一铁得知茶碗不见踪影后,心急如焚,大发雷霆。后来,他得知这是织田信长派人所偷,才变得气定神闲起来,就等着织田信长的到来。最后,他以投降叛主,拿回了这只茶碗。

对于稻叶一铁来说,他是"我爱江山,更爱茶碗。"

9. 长次郎：满足丰臣秀吉红色欲望的制陶师

旅游小贴士

由长次郎制作的黑乐茶碗，现藏于滋贺县甲贺市信乐町的美秀美术馆（Miho Museum）。该美术馆里还有中国南宋时期的著名茶碗——曜变天目茶碗。从JR石山站的南口出来，有直接前往美秀美术馆（Miho Museum）的巴士，要乘坐50分钟左右。

千利休，无疑是日本茶道史上最响亮的名字，而他的"御用"制陶师长次郎却一直隐于大师的光环之后，迷雾重重却又令人无法忽视。在千利休留下的文字资料中，难以找寻到长次郎的名字，然而，长次郎的名字早已被岁月融入了那一件件珍贵的茶具中，凝固成日本茶道文化中浓墨重彩的一段历史。

日本人喜欢讲长次郎出生于一个"渡来人"家庭，长次郎的父亲阿米夜是一位擅长烧制低温釉的陶器匠人，当年他从中国福建出发途经朝鲜半岛最后抵达日本，并且凭借从中国带过来的制陶技术成家立业，在日本定居下来。尽管有人坚持认为长次郎的父亲是朝鲜人，不过，他所掌握的唐三彩技术或许就是他身为中国匠

43

人的有力证明。

成年后的长次郎继承了父亲的手艺，在京都的一隅安静地烧制着他的陶器，直到他遇到了千利休。千利休希望用日本本土生产的茶具改变室町时代追逐昂贵的舶来品——"唐物"的浮夸之风，长次郎按照千利休的要求烧制出来一种通体黝黑、造型朴拙的茶具，这种与当时日本的贵族和大名们追捧的唐宋古物相对应的茶具被称为"今烧"。而长次郎和当时著名的艺术家本阿弥光悦有亲戚关系，因为这层关系使他有机会接触当时顶级的艺术品，而广博的见识也帮助他去理解千利休心目中对于茶道艺术的认识。

高山流水，知音难觅。因为千利休，长次郎的作品被作为珍贵的艺术品永久保存，一位飘落异国他乡的手艺人的后代成为后世追捧的艺术大师。千利休的茶道和长次郎的陶器相得益彰，如果离开了长次郎所烧制的茶具作为茶道的承载物，千利休所主张的茶道精神——"侘寂"就少了可以感知的具体对象。有了茶碗，茶才有了生命，有了茶具，茶道文化才有了载体。造型朴拙、颜色枯寂的茶具，一帖半的狭小的茶室，躬身跪行的蹦口，这些因素共同构成了千利休"和、敬、清、寂"的茶道精神。如今人们普遍认为，作为"乐家"代表之一的黑色茶碗——"今烧"，是长次郎在千利休的指导下才得以问世的，可是人们忽略了，千利休经常会亲自烧制陶器、制作茶具，毫无疑问，长次郎一定给他提供了不少"技术支持"。

为了迎合"猴子"丰臣秀吉的喜好，连一向很有原则的千利休也不得不让步，他拜托长次郎烧制了一批颜色鲜艳的茶具。这种充满生命力的色彩，更符合武士的审美要求，尽管千利休并不赞同,但还是按照丰臣秀吉的要求完成了。

丰臣秀吉耗费大量财力物力修筑了"聚乐弟",这座精美建筑今天已经无处可寻,但是千利休利用"聚乐弟"的泥土烧制出符合丰臣秀吉要求的茶具却安静地躺在京都国立近代美术馆里。丰臣秀吉对这批茶具非常满意,"御赐"为"乐烧",从长次郎开始,千利休家就被尊称为"乐家","乐家"的当家主也有响当当的称号——"乐吉左卫门"。或许在千利休看来,丰臣秀吉所钟情的红色茶碗的诞生源于丰臣秀吉低俗的审美情趣。但是在我看来,丰臣秀吉钟情于红色的茶具,与他对于战争的一种特殊情怀不无关系。正是在"下克上"的战国时代,出身社会底层的丰臣秀吉才有可能凭借自己的能力,通过一次次战争的搏杀,一步步走到"天下人"的位置。鲜艳的红色,是出生入死浴血奋战的武士品格,是以下克上置之死地而后生的希望。千利休无法认同的,长次郎却将之变成现实。这,或许就是一位优秀匠人的过人之处吧。

1589 年,长次郎告别了人世,在平静中走完了自己的一生。他不知道的是,在自己过世的两年后,老友兼知音千利休被丰臣秀吉赐死。而长次郎更不知道的是,自己帮千利休烧制的"今烧"居然成为他人攻击千利休的借口。有人说千利休将长次郎制作的茶具高价出售,还拿这些当代人制作的"新东西"交换中国唐宋"名物",这些都是"违反佛法"的恶行。

时光流转,乐家的艺术魅力并没有受到世事变迁的影响,依然散发出迷人的光彩。第十四代乐吉左卫门出生于 1918 年,他的青年时代正值第二次世界大战爆发时期。乐吉左卫门不可避免地牵涉到那场疯狂的战争中。乐吉左卫门参加了太平洋战争，这是一场标志着日本走向颓势、最终以战败收场的战争，残酷的战争场面带给他极大的冲击，这些灰暗恐怖的人生经历被他捏型、上釉、炉烧、固化，永远地保存在一件件陶艺作品中。他用陶艺作品记录下那段难以言说的记忆，用色大胆、诡异，釉面呈现压抑沉重的意境。有人说，艺术是独立的，优秀的艺术家在创作时总是忠于自己的内心。其实，艺术从来不曾孤立地存在过。每一件艺术品都真实地记录了艺术家所生活的时代、所遭遇的经历，它们跨越了时间和空间限制成了历史最忠实的记录者。

乐家烧制陶器的技艺世代传承，前一任"乐吉左卫门"选出一位继承者，由他继承技术和家业。长次郎的儿子继承了父亲的手艺，他的能力也得到了德川幕府的认可，二代将军德川家秀忠陵墓前的烛台就是他的作品。然而第二代"乐吉左卫门"的真正身份至今仍是迷雾重重。有说法认为其真正身份是长次郎的弟弟，也有人认为他是千利休的儿子田中宗庆（千利休本姓田中）之后，还有人说他是长次郎老来得子，后来娶了田中宗庆的孙女，结合了两家的实力以继承"乐烧"。但是无论如何，"一子相传"保证了传统技艺的纯粹，"乐烧"传承至今已有450多年。今天的乐家仍然采用最传统的方法烧造陶器，就像他们的祖先从中国明朝刚来到日本时那样。

10. 今井宗久：让织田信长热衷上茶道的战国名将

旅游小贴士

1940年,松永安左卫门斥资从丰田家那里购得了今井宗久在战国末期建立的茶室,并将茶室由橿原市移至小田原市,为其取名黄梅庵。1978年,松永安左卫门的后代松永安太郎将黄梅庵无偿捐献给了大阪府堺市,1980年10月,黄梅庵被移至大仙公园内。乘坐JR阪和线在百舌鸟站下车,徒步五分钟就可以到大仙公园。

今井宗久,日本茶道大师武野绍鸥的女婿。在日本茶道历史上,有很多"倒插门"的女婿演绎了各种各样的故事,今井宗久算是其中之一。他是一个让日本战国三杰之一——织田信长热衷上茶道的人！日本茶道也因此发生划时代的变化。

今井宗久原本是近江源氏佐佐木氏后裔,后来有机会跟随豪商、茶人武野绍鸥学习茶道。他不仅学习态度好,人品应该也是不错的,最后不但成为其弟子,还被招为"倒插门"的女婿。武野绍鸥死后,今井宗久继承了他所有家产和茶具。有人说,这些家产和茶具,有些是应该由武野绍鸥的儿子来继承的。但是,那个时候,今井宗久丝毫没有手软地全盘接收了。此后,今井宗久在各地武将中贩卖用于制造甲胄的鹿皮等皮革产品,逐渐成为堺的巨商之一。

1568年10月,织田信长率军进入京都时,懂得尘世祸福沉浮的今井宗久献上了从老岳父武野绍鸥那里继承来的"松岛之壶"以及"绍鸥茄子"等茶具。"松岛之壶"号称"天下三茶壶"之一,因为造型多处酷似奥州(地处日本东北中部、岩手县西南部、胆泽平原)的风景胜地而得名。"绍鸥茄子"来自中国,被称为"天下四茄子"之一。

我不相信一个人把祖传家宝赠送给他人时会不心痛。但是,当他意识到赠送的对象唯有用祖传家宝才能够开心并且由此而获得信任时,也就会忍痛割爱。我在想,今井宗久肯定不知道梭罗在《瓦尔登湖》中说过"世界不过是身外之物",但他肯定明白"松岛之壶"和"绍鸥茄子"是身外之物。

记住,在此之前,织田信长对茶道并没有什么兴趣,或者说根本不懂茶道为何物!但是,获得这些价值连城的珍贵茶具以后,织田信长整天爱不释手,端详、玩味,旁边自然还有人在不断地讲述一个又一个故事。以此为契机,织田信长走上了热衷茶道的路途。

在此之前,从室町幕府第八代将军足利义政的东山时代开始,拥有各种珍贵的茶具,已是将军威严的一种象征。如今,一心想取代室町幕府将军的织田信长得到这种珍贵的茶具后,意识到"掌握天下之大权者,必拥有天下之名物"。因此,织田信长有了一种满足感。此外,进献茶具这种行为,已经不再是一种礼品的赠送,而是一种归顺、投降、讲和的手段,自然也受到织田信长的瞩目。

今井宗久投入织田信长怀抱时送来的是天下无双的茶具,织田信长回报的就是各种各样的特权。很快,今井宗久从一个皮革商变为军火商。时至今日,人们还在说,世上能够赚取暴利的生意只有三个——毒品、人头、军火。而今井宗久成为军火商后,积极从事火绳枪、火药的制造和销售,在自己赚得盆丰钵满的时候,也推动了织田信长的军事武器改革。从此,织田信长开始了用洋枪"统一天下"的大业,他的日本观、世界观、军事观都为之一变!从此,日本的茶道与战争就这样紧密地结合在一起了。

还应该说的一件事情是,当时堺作为港口城市,作为大量从事日中贸易的一个吞吐地点,在经济上已经到了富得流油的程度。一心要"统一天下"的织田信长想在这里征收重税,作为自己军事行动的补给地。此举激怒了堺的地头蛇与民众,他们恃富而骄,准备彻底抗战。这个时候,还是49岁的今井宗久站了出来,说服民众,协调解决,把堺从战火的边缘下解救出来。

1576年6月,姐川战役。织田信长手下的丰臣秀吉频频告急,在他的请求下,今井宗久在很短的时间内筹措到所需兵器,为这次战役的胜利做出了重大贡献。

1578年9月,织田信长身着戎装乘坐铁甲船前去攻打毛利水军,途经堺的时候,亲自上岸,造访了今井宗久的家宅。这是织田信长给予今井宗久的最高荣誉,也是今井宗久作为茶人踏上巅峰的时刻。

丰臣秀吉"接班"之后,尽管也曾让今井宗久担任茶头,但在排位的序列上低于千利休。不仅如此,丰臣秀吉还进一步重用千利休,让他作为茶人达到了顶峰。今井宗久则被边缘化了。这种时刻,今井宗久感情上不可能不涌起波澜;这种时刻,今井宗久思想深处不可能没有他念。但是,今井宗久没有反抗叫板的行动,只是默默地注视着,承受着,一步一步地淡然引退。

1591年,千利休被丰臣秀吉逼迫自杀。1593年,73岁的今井宗久寿终正寝。他的墓地,在今天大阪府堺市的临江寺内。

知隐退者为俊杰。今井宗久,人去久矣。今天,在日本大阪府堺市的大仙公园内,还有一座迁移过来的今井宗久当年兴建的茶室。

物是人非,但"物"毕竟还能供人们回忆历史。

11. 千利休：日本茶圣之死九说并存扑朔迷离

在京都,有一条著名的千利休足迹之旅路线。第一站,就是京都堀川的一条戾桥,也就是千利休剖腹自杀后,丰臣秀吉还不够解气,便将千利休的木雕像处以磔刑的地方。从这里徒步 3 分钟,便可进入晴明神社。千利休曾经的住处就在该神社内,他还曾用那口晴明井的井水点茶。从晴明神社徒步 5 分钟,又可到白峰神宫。这里的潜龙井和飞鸟井都是千利休点茶用过的名水,两口水井相距不到 50 米,但是水温和味道截然不同。从白峰神宫再徒步 8 分钟,就是由千利休创建的茶道名门——里千家负责运营的茶道资料馆。千利休修行过的大德寺更是不容错过,京都市内巴士会在大德寺前停车。大德寺的山门上摆放着千利休的木雕像,这是现存的千利休唯一一座立体雕像。从雕像我们可以看出,他外面穿着袈裟,右手持杖,脚穿竹皮草履,个头不高,面部表情温和,但整体给人木讷、粗短的印象,不是想象中的那个优雅、脱俗的茶人形象。

1591 年(天正十九年)2 月 28 日,日本"茶圣"千利休在 300 多名武士的包围下,于宅邸剖腹自杀。他的死,让多少人感到是那么的突然,几天前千利休大师还无所顾忌地谈笑风生,几天后就变成了一具冰冷的尸体。更让人想不到的是,千利休死了,但他的死因竟是日本茶道史上扑朔迷离一大谜案。惨剧的起因,众说纷纭,最常见的九种解释是——

第一,倒卖茶器中饱私囊说。千利休拥有茶道大师地位,他拥有的茶具也就成了"大师的茶具"。而千利休又不时把自己拥有的茶具转送或转卖他人。这样,就有一些来自吕宋的商人将收集到的海外茶具卖给千利休,千利休有时就转手卖出。这种做法,被视为倒卖,他也因此得了一个"卖僧"之名。卖出去的茶具,有时被发现和说的名称并不一样,是假货。究竟是千利休有意为之,还是不慎看走了眼,这一切无人得知。但这已经成为可以置千利休于死地的最好原因。

第二,擅自使用皇陵石头说。千利休曾经擅自将天皇陵的石头带回家,当作洗脸盆和庭院的石头。这还了得,尽管丰臣秀吉可以把天皇当作一个傀儡,但傀儡同样是需要像神一般呵护。因为只有拉虎皮才能做成大旗。于是,丰臣秀吉要用消灭千利休的方法表示对天皇的"忠诚"。何况,天皇还给了丰臣秀吉一个"关白"的职衔呢。

第三,丰臣秀吉娶妻遭拒说。千利休的女儿离婚后回到娘家,丰臣秀吉对她一见钟情,要纳她为妾,结果遭到了千利休的拒绝,丰臣秀吉从此怀恨在心。对于千利休来说,或许是知道自己已与丰臣秀吉走得过近,知道"伴君如伴虎"的难言苦楚,因此不想让女儿重蹈覆辙。丰臣秀吉肯定是认为千利休有眼不识泰山。既然你连我的"老泰山"都不愿意做,你还有什么必要留在世间呢?

第四,保护家乡说。千利休的家乡——堺是一个港口之乡,凭借大量的海外贸易积累了丰厚的经济实力。当年,织田信长曾想染指堺而未成,现在丰臣秀吉则想独霸堺的海外贸易。千利休为了保护家乡——堺的利益而疏远丰臣秀吉,结果付出了生命的代价。

第五,卷入政治斗争说。1591年,丰臣秀吉的弟弟丰臣秀长过世。丰臣政权不安定,千利休卷入政治斗争。

第六,大德寺自立塑像侮辱说。1591年(天正十九年),北野大茶会举行4年后,千利休为京都大德寺捐献了一座山门——金毛阁。大德寺为了感谢施主,在山门的金毛阁上安置了一座千利休的木像,身穿袈裟,脚踏草鞋。这样一来,每天过往山门的行人,也就都要从千利休的草鞋下穿行。丰臣秀吉得知后大怒,因为他也是经常穿行大德寺山门的人,但他不肯从千利休的脚下穿行。解决的方法,就是让千利休连人带像一起消失。

第七,两人茶道观点对立说。千利休一生孜孜不倦地致力于茶道的发展,大幅升华茶祖村田珠光提倡的"和汉"境界,创造出"和、敬、清、寂"的茶道精髓,崇尚古朴简约。而丰臣秀吉则恰恰相反,始终追求张扬奢华,打造出物化的"黄金茶室",把权力的元素不断地渗入茶道。久而久之,两人渐行渐远。终于丰臣秀吉要让千利休从自己的视野里消失。

第八，阴谋杀害丰臣秀吉说。其证据是，在千利休突然被赐死前不久，他为德川家康举办了"一亭一客"的茶会，单独招待德川家康一个人。至于他们有过怎样的交谈，无人知晓。这样的行为，看起来是那么不寻常。联想到德川家康仅比丰臣秀吉小 7 岁，"老不死"的丰臣秀吉是德川家康谋得天下的最大阻力。用拳头说话，硬碰硬显然没有十成的胜算，暗杀无疑是成本最小的一种方法。"暴君"丰臣秀吉得知后，是绝对不会给千利休另候"明主"的机会的。

第九，反对朝鲜战争说。为了凝聚国内大名的力量，丰臣秀吉计划攻打朝鲜，进而拿下中国。对此，千利休十分不满。当时，中国、朝鲜的许多陶器已经成为日本的摹本，还有许多朝鲜陶匠就在千利休手下工作，攻打朝鲜就是攻打这些朝鲜陶匠的故乡，就是攻打他们的心田。深知内情的千利休流露出不满，而这些不满被"有心人"用"扩音器"播放出去，结果得罪了丰臣秀吉。

一个人的死因竟然能有九种说法，多年之后还无法厘清。其实，这其中任何一个原因都可以置千利休于死地。既然如此，千利休死于何因，就不再重要。

还应该提及的是剖腹，剖腹只能是武士阶层"专享"的"高贵"死法，一般町人根本没有资格。丰臣秀吉"破格""赏赐"千利休用剖腹的方式结束自己的生命，让他生前倍享荣宠，死后也保留了最大的尊严。在我看来，丰臣秀吉和千利休，更像是一对又爱又恨、相爱相杀的"怨侣"。

说一千，道一万，与其为千利休扼腕痛惜，不如汲取千利休血的教训。那就是作为艺人，不应该与权力中枢接近过密。

12. 大友宗麟：放弃信仰和茶器的九州豪族

旅游小贴士

无论如何，身为基督徒的大友宗麟依旧被大友一族世代受封的九州岛视为传奇枭雄。在今天的大分县津久见市的津久见车站前树立着他的铜像。看罢铜像，招呼一辆出租车，10分钟就可抵达宗麟公园（又称宗麟公墓）。公园就建在曾经大友宗麟创建的教会"天德寺"的原址上。1977年，建筑设计师矶崎新还在该公园里为大友宗麟重新设计了一块基督教式样的墓碑。

因为抵抗蒙元大军有功，大友氏一族受封定居在九州岛，到大友宗麟已是第二十一代。对于这位大友宗麟，人们的评价总是很难达成一致。有人认为他有治国之才，在战乱频仍的时代推动了九州的经济发展，也有人认为他残暴无情，踏着父母兄妹的鲜血走向家主之位，甚至有传言说他为了一件茶器，可以牺牲骨肉兄弟的性命。

母亲去世之后，父亲续弦，一直被视为"接班人"的大友宗麟处境急转直下，不用猜，这又是一出"小白菜，地里黄，两三岁上没了

55

娘"的戏码。自从他老爹大友义鉴娶了新媳妇儿,被温柔乡里的枕边风一吹,就看着嫡子大友宗麟鼻子不是鼻子眼睛不是眼睛了,再加上不安分的叔叔大友重治不停地撩拨,大友义鉴就想改立自己和续弦所生的小儿子盐市丸继承家督。

在天高皇帝远的九州,海洋成为天然的屏障,为大友家阻隔了不少来自外部的侵扰,但是自相残杀的权力争斗却一直在不停地以各种方式上演。大友宗麟的父亲大友义鉴和自己的弟弟大友重治活活斗了一辈子,积累了丰富的"斗争经验",他本来以为先剪除了大友宗麟身边的家臣,让大友宗麟势单力薄孤掌难鸣,小儿子盐市丸就能顺利地取而代之。谁料,大友宗麟也不是吃素的,老爹和后母还在温水煮青蛙,儿子却直接来了一场"二阶崩之变"。在一个伸手不见五指的寒冷冬夜,大友宗麟的家臣津久见美作守等人闯进大友义鉴的府邸,横砍竖剁一顿乱刺之后,后母和弟弟妹妹当场在血泊中毙命,老爹身受重伤,两天之后也一命呜呼。大友宗麟顺利地继承家督,并且以剿除叛逆的罪名处死了发动"二阶崩之变"的家臣,成功把自己洗白成了平叛动乱、临危即位的英雄。

在大友宗麟的治理下,博多作为与中国、朝鲜交流的贸易港口得到了空前的发展,日本历史上鼎鼎大名"博多三杰"也正是出现在这一时期。在经济方面,大友宗麟积极发展与中国、朝鲜、南蛮①的贸易往来。在思想方面,大友宗麟对于外来文明表现出极大的兴趣,先是接受禅宗思想的影响,皈依佛门,后来又对从南蛮

---

① 南蛮是指最初到达日本的西班牙、葡萄牙、意大利等国家。这些国家都是从靠近九州的南面海上乘船登陆日本。

传来的天主教产生浓厚兴趣。大友宗麟对天主教的信仰是非常热忱的,他不仅说服身边的亲友加入天主教,还派遣使者前往欧洲拜谒教廷。对天主教的大力支持,为大友宗麟带来了西方先进的科学文明,同时也带来以火枪大炮为代表的强大的军备力量,日本历史上第一台大炮"国崩"被安置于城墙之上,城墙之内,建立起最早的西式医院和神学院,西洋印刷术和音乐也在此处落地生根。

说起来有些难以想象,这样一位跨过父母兄弟的尸体走上家主之位的大名,对于他治下的商人却很讲信用。大友宗麟和博多的茶人兼商人岛井宗室来往密切,给他经商的特权,从他那里购买了大量来自中国、南蛮和朝鲜的商品。知道大友宗麟喜欢收集茶具名器,岛井宗室投其所好,时不时进献一些来自海外的茶具名器。听说绝世名器——"楢柴冲肩"到了岛井宗室手里,大友宗麟多次表示出浓厚的兴趣,要求用重金交换,总是遭到拒绝,尽管如此,他并没有用手里的权力和刀剑威胁岛井宗室。这是因为大友宗麟已经具备了公平交易理念的雏形,还是受了禅宗平等的启示,又或者是受天主教的爱人思想影响呢?相反,原本只是大友家家臣的秋月种实行动快于语言,直接以武力逼迫岛井宗室交出了"楢柴冲肩"。

对茶器的追捧,究竟是源于"赶时髦"的附庸风雅,还是大友宗麟乐于接受先进文化的一种表现,今人已经无法评判。在攸关家族存亡的关键时候,虔诚的信仰和心爱的收藏品都要乖乖让步,这都被历史记录下来。当同处九州的岛津家的铁骑一步步威胁到大友家的领土,大友宗麟将费尽心力收集到的新田肩冲、大友瓢单等茶器名物悉数献给丰臣秀吉,换来丰臣秀吉出兵九州,击败岛津家,解了大友宗麟之困。遗憾的是,大友宗麟没能看到丰臣秀吉打败岛津家,就染病身亡。为了答谢他献宝的"诚意",丰臣秀吉在攻下九州岛之后,保留了他原来的领地。

本来,按照大友宗麟生前的遗愿应该举行一场天主教葬礼的,可惜他"死不逢时",正好是丰臣秀吉大力"封杀"天主教势力的时候,大友宗麟最终没能"入住"儿子大友义统为他准备的天主教风格的墓地。一直到1972年(昭和五十二年),一座天主教形式的新墓地建成,大友宗麟终于遗愿得偿,"迁居"到由十字架护佑着的石棺之中。

日本的战国时代,武力才是实力,为了保存大友家传承了二十一世的家业,为了"抱杏叶"的家纹不会消失,大友宗麟只好将信仰和心头好都舍弃。

13. 织田信长：把茶道运用于统治手段和价值体系

旅游小贴士

本能寺，乘坐京都市营地铁东西线，在"京都市役所前"车站下车，出了站口就可以看到。它藏于京都御所东南侧的现代化建筑之中，显得有些沉寂，稍不留意也可能错过。当然，抱着追迹寻踪的心愿来此参拜的织田信长"粉丝"，不免会生出"龙困浅滩遭虾戏"的感慨。这小小的围墙真的能够困住那个只是听到名字就足以令人颤抖的"第六天魔王"？

织田信长是一个怪人！小时候那些特立独行的作风，让他落了一个"尾张大傻瓜"的绰号，成年后独步天下时，他乖戾狂暴的行事，又给他带来"第六天魔王"的封号。

人们都说织田信长痴迷于茶道，他给自己的次子信秀取的乳名就叫"茶筅"——搅拌抹茶粉时需要用到的工具（当然，比起后面几个孩子的乳名，什么"大洞""小洞""人"，这个奇怪的名字就显得正常多了）。他为了得到一件小小的茶器，可以不计成本不择手

59

段,历史学家因此送给他一个专有名词——"名物狩"。但是,对于这样一位伟大的人物、一统日本战国乱世的枭雄,绝不可能仅是通常所说的沉迷于茶道的"疯狂粉丝",而他不计一切代价收集天下名器的疯狂行为,也绝不仅仅是用"性格怪异"就可以解释的。这背后,应该有着更为深刻更为宏大的历史原因。

作为中国的邻国,读者们对于日本的地理都有一定的了解。日本是一个以农耕稻作为主的国家。日本地形狭长,遍布山地和丘陵,面积最大的一块平坦土地——关东平原在战国时代还是泥淖遍布、水患频发、无论是经济还是政治都处于劣势的"下方"地区,因此土地资源非常紧张。

土地,是万物生长之基,是安身立命之本。镰仓时代,幕府靠分封土地这一手段来控制各地的武士,武士们的战功通过获封土地的大小、优劣来衡量。"庄园地头制"的确立,帮助镰仓幕府建立起一个拥有税收、治安、土地管理等职能的武家政权,足以与天皇相抗衡。然而,"成也萧何,败也萧何",后来造成"一天二帝南北京"混乱局面,并最终导致镰仓幕府崩溃的导火索,就是"御家人"对于成功抵抗蒙元入侵之后的土地分封的不满。而到了室町幕府时代,各守护大名和管领瓜分了足利将军手里绝大部分的土地,无论是军事力量还是土地资源都掌握在这些守护大名的手中,就算室町时代最盛时在位的足利义满都只能看着大内家①和斯波家②的

---

① 大内家：即大内氏,日本一个武家氏族,在守护大名时代,拥有周防国领地。
② 斯波家：日本武家氏族,源自清和天皇,是源义家之子义国足利氏的后代。室町时代幕府三管领之一。

脸色。

金银财宝不足为奇,粮米充足仓廪强实,什么都不缺的织田信长既有近似于"独孤求败"式的空虚与寂寞,又有一份深深的顾虑。织田信长是个善于剑走偏锋的聪明人,他制定了另一套价值体系——"茶汤御政道"和"名器狩"。

织田信长是一个不按常理出牌的人,也是一个务实的人。他痴迷茶道文化,疯狂追逐代表室町幕府辉煌的"东山御物",其实是用最少的时间成本接近甚至控制京都王朝文化的核心。织田信长"名器狩"的策略无疑是成功的。通过"名器狩"的行为,不惜重金网罗天下茶器,让茶器取代土地成为新的价值衡量标准,一件茶器可以交换一座城池,也可以保全敌人的性命。在此之前,大有粗朴的高丽茶器取代精细的唐物茶器的趋势,在织田信长之后的茶界则流行着一条潜规则——"若要成为茶道名人,就必须拥有唐物茶器"。这也就不难解释,为什么最初织田信长千方百计想要拉拢足利义昭,希望借他的名义"上洛"——进入京都,而几年之后又放逐了足利义昭。因为此时的织田信长已经成功地建立起一套新的、为他所掌控的价值体系,一套关于茶道的价值体系。他不再需要借着大势已去的足利家的旗号来证明自己权力的正当性,他已经成为当世法则的制定者。

拥有某种"特权",总能给人以高高在上、与众不同的心理满足感,织田信长用"茶汤御政道"控制了手下这群流淌着"下克上"不安分血液的战国武将,表现得好的,就赏赐茶道名器,或者准许举办小型、中型或大型的茶会。可以说,在当时,织田信长用茶道代替土地作为价值衡量标准是很成功的。获封土地，有时候倒不如获得举办茶会的资格更能满足一名武将的要求。织田信长曾经将一件名贵的茶器赏赐给手下一名取得战功的武将，武将受赏之后却是忧愁多过欢喜，他喜的是得到了名器和主公的认可，忧的却是自己的封地远离京畿根本没有机会举办茶会。

织田信长明白，与攻城相比，攻心更难。对于武将，织田信长用"茶汤御政道"来控制，对于那些掌握着巨大财富和"外贸资源"的巨贾，则要换一种方式。来自堺的富豪津田宗及曾经应邀前往织田信长的府邸参加茶会，受到高规格的款待。席间，织田信长的儿子亲自为津田宗及奉茶端饭，甚至连织田信长本人也亲自为其添饭，津田宗及"诚惶诚恐"地将这一次特殊的经历记在他的茶道日记中。如果不是因为茶道将津田宗及和织田信长联系在一起，一个市井出身的商人，无论如何都不敢相信自己可以成为权倾天下的大魔王的座上宾。织田信长给予的这种殊荣，起到了收拢人心的效果，他因此牢牢掌握了当时日本与外国经贸交流中心——堺的资源，无论是击退武田信玄的火炮还是充实军备的银钱，都与堺有着莫大的关系。

可惜，本能寺之变的一场大火把织田信长和他的茶器，连同他统一天下的梦想一起烧毁，无法验证他建立在茶道基础上的新的价值体系如何发展壮大。又或者正是由于织田信长的敌人们也意识到茶道价值体系所蕴藏的庞大力量，才会暗下黑手，以铲除威胁。

14. 荒木村重：兵败城下抛妻弃子却要带茶具出逃

荒木村重曾经拥有的战国名器——俗称"荒木高丽"的唐草文染付茶碗现藏于德川美术馆。该茶碗是织田信长曾经最想得到的两大名器之一，另一个是松永久秀的"平蜘蛛"。"荒木高丽"是中国16世纪的制品，有专家认为，这其实和中国南部的吴须绘陶器属于同类。大家有兴趣的话不妨到德川美术馆一览，除了"荒木高丽"外，该美术馆还收藏了以德川家康的遗物为中心的共计1万件以上的"大名道具"，其中还包括日本国宝《源氏物语绘卷》。德川美术馆位于爱知县名古屋市东区德川町，从大曾根站下车徒步9分钟即可，美术馆旁边就是著名的日本庭园——德川园。

荒木村重，虽然缺乏强有力的证据支持他位列"利休七哲"之一，但他确实曾经跟随千利休学习茶道，并且是一位取得一定成就的茶人，因而日本茶道史上也铭记着他的名字。的确，荒木村重所经历的一生，就像点一碗茶，在激烈动荡起伏之后渐渐归于平静。

1573 年，织田信长剑指京都，他此行的目的十分明确，就是废除室町幕府的统治权，自己取而代之。近畿一带由足利义昭一方的武将把守，荒木村重便是其中之一。

大军压境，考验人心。善于审时度势的荒木村重，决定归顺，站队到织田信长的阵营。行吗？这是真的吗？织田信长心有疑虑。一天，在宴会上，织田信长突然拔出长刀，用刀尖挑起一块大饼，步步逼近荒木村重。场上一时骚动，荒木村重却纹丝不动。接着，只见他起身跃出，面不改色地把刀尖上的大饼一口一口地吃掉，然后用自己的袖子把织田信长的刀尖擦得干干净净。如此归顺，织田信长称为"古今奇事"，因此信任了荒木村重，他的位置一时排在炙手可热的丰臣秀吉之前。

可是，5 年之后，也就是在 1578 年(天正六年)10 月，荒木村重却又一次倒戈背叛了"主人"！至于为什么会有这种背叛，历史上有种种不同的说辞，其中之一是织田信长想得到荒木村重秘藏的茶器，荒木村重拒绝"孝敬"，两人因此关系恶化，反目为仇。恕我孤陋寡闻，因为一件茶具而主臣翻脸的事情，在中国历史上或许是没有的。

这里需要倒叙的是，荒木村重反叛的 5 天前，曾经参加过一次茶会。当时到底有什么人参加，历史上也是有多种说法的。重要的是 5 天以后，荒木村重就向石山本愿寺送出誓书、人质，结下盟约，做出背叛织田信长的举动。因此，这次茶会是一次充满阴谋的茶会。这次茶会也是荒木村重作为战国武将参加的最后一次茶会。在中国历史上，借酒会搞阴谋阳谋的事例数不胜数。在日本历史上,借茶会搞阴谋阳谋的事例同样数不胜数。这也是中日两国历史的相同之处。

织田信长的平叛大军将荒木村重所在的有冈城团团围住,荒木村重竟然抛弃妻儿兵士易装潜逃出城。恨得牙痒痒的织田信长就拿荒木村重留在有冈城的妇孺老弱开刀,如同猫戏老鼠那样以杀人质为乐。据佛洛伊斯的《日本史》记载:"织田信长首先将120名地位较高的女人绑在十字柱上刺死,第二次的处刑是对完全无罪的人加以残酷的屠杀,其残暴前所未闻。第三次处刑更加恐怖,毫无人道。他将514名民众分别关在4间平房里,其中有180人是妇女。他收集大量的木材,放火将他们活活烧死。那些男女发出悲惨恐惧的喊叫声。"接下来的日子,荒木村重一族子女16人,人质60人,作为政治犯在京都六条河原被斩首。

织田信长杀死荒木村重的妻子等人后并不罢休,而是继续调兵遣将缉拿荒木村重本人及其亲属,那真的是发现一个刀杀一个,找到一对刀宰一双。1581年(天正九年)8月17日,织田信长得知高野山金刚峰寺曾经隐藏荒木村重的家臣,立即在全国范围内捉拿了几百名高野山的僧侣,手起刀落统统杀死。

在危急的情况下,荒木村重决绝地舍弃了妻子儿女,却带了一些"麻烦"的东西上路。它们竟然是脆弱易碎的"兵库壶""立桐筒"等茶具。也许,在靠放逐自己的岳父兼主公才得到池田家掌控权的荒木村重看来,妻子儿女不过是人生路上的棋子而已,甚至不如他收集的这些茶具重要。正因为如此,世间对荒木村重有"战国渣男"的恶评。

　　1582 年(天正十年)6 月,织田信长在本能寺之变中死去,荒木村重也得以重新返回故乡——堺居住。丰臣秀吉掌握霸权以后,荒木村重作为茶人在大阪复归,与千利休等茶道大师有着热络的交往。但是,荒木村重的内心并没有平静下来。有一次,在丰臣秀吉出征的时候,他居然在背后说坏话。丰臣秀吉得知后,表示要对这个叛徒处以极刑。荒木村重慌了,立即出家,改名为"荒木道粪"——意为自己反省自己,认为自己不过就是路途中的一摊大粪。一向小心眼的丰臣秀吉看见荒木如此自贬,突然放宽胸怀饶恕了他,允许他改名叫荒木道熏。

　　经历过这场生死劫的荒木村重重新皈依佛门,从此潜心钻研茶道。有人说,作为战国武将的荒木村重从此消失了,留下的是作为丰臣秀吉茶人的荒木道熏。我却想说,是武人,还是茶人? 是痴人,还是蠢人? 真的很难盖棺定论,因为这个人过于复杂。

15. 丰臣秀吉："天下人"凭借茶道进行权力交接

旅游小贴士

从织田信长到丰臣秀吉再到德川家康,三位"天下人"都曾爱不释手的"九十九发茄子",经历过两场火灾,第一场令它失去了釉的光彩,第二场令它碎成了几片。德川家康先是命令藤重藤元用漆将碎片黏合、修复,后来又干脆将其赐予了藤重藤元。1876 年,藤重家的后代将这一传家宝高价卖给了三菱财阀的"二当家"岩崎弥之助,如今它静静地陈列在岩崎弥之助的私人藏品陈列馆——静嘉堂文库美术馆里。

静嘉堂文库美术馆位于东京都世田谷区冈本,最近的车站是东急田园都市线二子玉川站。

两千年来,日本天皇的权力交接,靠的是剑、镜、玉这三样神器。战国时代"天下人"的权力交接,靠的是无形的神器——茶道,为这些手握天下的无冕之王加冕的,就是茶道师!可以说,谁掌握了前任霸主的茶道师和茶器,谁就掌控了绝对的权威。我这样说,并不是耸人听闻。如果你不信,请看:

　　上洛成功的织田信长花费大量财力网罗各地珍奇的茶器,赏赐给立下赫赫战功的家臣们的奖品是名贵茶器。为什么不是肥沃土地、金银珠宝,而是脆弱易碎的茶器,是织田信长小气吗? 恰恰相反! 织田信长很清楚对于这些骁勇的武士来说,土地和金钱只需一场掠夺战而已,而地位和身份的认可却是难得的。拥有了世间罕有的名贵茶器,就等于拥有了世人所认可的高贵身份,拥有了和公家贵族一较高下的筹码,名贵的茶器才是"急人所急""投人所好"的最高规格的赏赐。

　　"本能寺之变"那场大火后,丰臣秀吉关心的不仅是织田信长的权威落于谁手,还有他随身携带的名贵茶器。传说那只名贵的"九十九发茄子"就是丰臣秀吉在满地灰烬中找到的。后来,大阪夏之阵,"九十九发茄子"再次经历火难,德川家康在废墟之中急着寻找的,也是这玩意儿! 仿佛拥有了名贵的"九十九发茄子",就拥有了传国玉玺,丝毫不在意这屡屡毁于兵燹的茶器是不是会为自己带来灾祸。

　　在中国,宋太祖赵匡胤杯酒释兵权的故事妇孺皆知,而丰臣秀吉最终征服了德川家康的,居然就是一杯茶,他凭借一杯茶就释解敌意的传奇,至今仍为后人传说。

　　1582 年,即将天下在握的织田信长却毫无防备地在小河沟里翻了船,"本能寺之变",遏止的不仅是织田信长所向披靡的势头,还有他尚值壮年的生命。在织田信长身后,矗立着丰臣秀吉、德川家康、柴田胜家等各路武将的身影。

　　丰臣秀吉与毛利家和解,只用了几天时间就除掉了"叛贼"明智光秀,次年又除去织田家的老臣柴田胜家,唯独德川家康,他是没有办法用武力征服的。1584 年小牧·长久手之战,拥有 12 万人马的丰臣秀吉,面对仅 3 万兵力的德川家康,却连连折损池田恒兴、森长可等要员。

长久的僵持不下,总要有个了断。1586 年,德川家康和丰臣秀吉约定在大阪面谈。德川家康带领一万精兵,为一场恶战做好了准备,丰臣秀吉却轻车简从,只带了寥寥数人,而这些人中最重要的一位,就是从前侍奉织田信长的茶头千利休。

在千钧一发的紧张局势中,丰臣秀吉要在大阪为德川家康举办一场茶会。"猴子"丰臣秀吉一路走到今天的地位,靠的就是善于审时度势的能力,他怎能不知情势的危急。况且,丰臣秀吉心里更清楚,以目前的实力,与德川家康的这场苦战,自己的胜算并不大。即使取胜,也要付出损兵折将元气大伤的惨重代价,如何才能巧妙地化解这一危机呢?居然就是一杯茶。

丰臣秀吉带着茶师千利休与德川家康会面,在一个仅能容下三人的狭小空间内,一场生死鏖战就此展开。

丰臣秀吉和德川家康,两位盖世枭雄,在这一时空是平静地对坐饮茶,镜头切换,下一个画面就可能是剑拔弩张、你死我活,一静一动间,全靠一杯茶来制衡。茶师千利休只是默默地烧火、煮水、点茶,却在无言之中透露出万千信息。在这一刻,茶,不仅仅是一杯清心悦目的饮品,它背后所蕴含的意义早已经超越解渴祛燥的生理慰藉。丰臣秀吉通过一席茶会,向德川家康宣誓了自己的地位优势,向对手展示了自己的"势力"——丰臣秀吉手中所掌握的,不仅仅是从织田信长接盘的财力和武力,还有以茶师千利休为代表的文化力量。

世尊释法:"如是良马,见鞭影而行!"从另一个角度看,丰臣秀吉和德川家康也可以说是得道之人,他们得的是武士之道。武士之间的较量,在拔刀的一刹那就已经决出胜负。丰臣秀吉和德川家康都是身经百战、力克群雄的豪杰,深谙运筹时势把握机会的道理,棋逢对手,无须多言,刹那之间,胜负已分。

千利休点的这杯茶下肚,德川家康解除戒备,对丰臣秀吉表示臣服。丰臣秀吉也因此得以保存实力,才有了后来的一统日本。十几万兵勇没有做到的事,却被一位文弱的茶人用一席茶做到了。柔能克刚,老祖宗早就告诉我们了。

千利休可以用一杯茶为丰臣秀吉夺得天下,也可以因为一杯茶丢了性命。据说,正是因为千利休为德川家康举办了"一亭一客"的私人茶会,让丰臣秀吉怀疑两人借机密谋毒杀自己,才逼迫千利休剖腹自杀的。当年大阪城下用一杯茶释解敌意的三个人,最终还是没能善始善终地喝完人生这杯茶。

16. 丰臣秀吉：用"黄金茶道"炫耀权力的风采

　　黄金茶屋，无论是从设计上还是用料上，都和日本的茶室建筑与茶道精神截然相反。尽管如此，黄金茶屋依旧是日本几大茶室里最声名在外的。2009年，黄金茶屋以1比1复原，包括茶屋里的金制茶具在内，售价约为390万美元。

　　如今，这个黄金茶屋就陈列在距离东京只有1小时车程的热海市MOA美术馆内。有意思的是，这个黄金茶屋还可以出租，一周的租金为315万日元，黄金茶具一周的租金为105万日元。感兴趣的朋友可以一看，也可以一租。

　　在中国，"黄金屋"，本来是读书人勉励自己的一个空泛的目标；在日本，"黄金屋"，在"猴子"丰臣秀吉玩味茶道的岁月里成为现实。据记载，丰臣秀吉用高薪雇了堺市几位贫穷的金匠为他打造了一座黄金茶屋。这笔高薪，足以让这些金匠从此过上贵族的生活。用一吨黄金打造出来的黄金茶屋，面积仅有榻榻米三帖大小，它像乐高积木一样易于拆卸组合，易于携带，易于移动，我真怀疑日本后来的家用电器如此精巧,是不是受此影响。

　　曾经两次亲自参观过黄金茶屋的朝廷重臣吉田兼见在他的日记《兼见卿记》里面写道:整个房间全部是用黄金做成,用猩猩皮制成的榻榻米镶着金边,这是世界上前所未有的作品,其精彩程度是难以用语言表达的。显然,这位朝廷重臣惊鸿一瞥,便感受到世上还有奢华过皇宫的满目皆金的器物。

　　1586 年(天正十四年)4 月,丰后太守大友宗麟到大阪城晋见丰臣秀吉。仪式结束以后,丰臣秀吉邀请他到黄金茶屋喝茶。事后,大友宗麟在给下属的信函中这样描述黄金茶屋:茶屋有三张榻榻米,天花板、墙壁自不用说,连拉门、拉窗的格棂也都是用黄金做成的。风炉、茶釜、饭桶型的清水罐、放水杓的水杓桶、污水罐、枣型的茶盒、两只大而深的茶碗、茶勺(用于将茶粉舀进茶碗)、釜盖承(放置釜盖的用具)等茶道具都是黄金制成,就连盛炭的炭斗、挟炭的火箸、吹火用的吹火筒也不例外。唯有水杓和茶刷是竹制的。当时,每一位到大阪城晋见丰臣秀吉的人,都会被邀请参观黄金茶屋,但不是每个人都像大友宗麟这样留下了真实的记录。无疑,大友宗麟感受到一种四空皆金的黄金震撼。

　　丰臣秀吉是绝对不会满足于仅仅让人们到大阪城来参观黄金茶屋的。他不但要"迎进来",还要"走出去"。1586 年(天正十四年)正月,丰臣秀吉第二次在京都的皇宫举行高端茶会。这次,他把黄金茶屋搬到皇宫的小御所,并在那里为日本第 106 代天皇——正亲町天皇及各位亲王点茶、献茶。1587 年(天正十五年),丰臣秀吉在北野天满宫举行民间茶会——北野大茶会,他又把黄金茶屋搬运到此地。1592 年(文禄元年)3 月,丰臣秀吉派兵入侵朝鲜。为了督战,他进驻名护屋城,黄金茶屋也随军而行,进入战斗指挥部。据说,丰臣秀吉还在我中国明朝的使节面前炫耀过他的黄金茶屋。

变味。茶道到丰臣秀吉手里已经变了味道。有人说,丰臣秀吉搞的是"黄金茶道"。我呢,看着丰臣秀吉黄金茶屋的处处踪迹,不禁生出感慨。权力是丰臣秀吉生命的黄金。一朝权力在手,他就要用黄金茶屋显示热烈与张扬。黄金茶屋,在丰臣秀吉手里,成为蔑视皇权的象征,成为炫耀财富的道具,成为倾情推动对外侵略战争的助跑器,成为日本战国时代外交的一张名片。

有意思的是,2013 年 4 月 3 日,日本著名百货商场——松阪屋银座店展出了一座用 1.5 万张纯金箔制成的"黄金茶室",价值4.2 亿日元(当时约合 2 780 万元人民币)。这就是仿制丰臣秀吉的黄金茶室而来的。2015 年,为了纪念丰臣家和德川家相争的"大坂①之阵"400 周年,日本关西国际机场又展出了丰臣秀吉"黄金茶室"模型。

更有意思的是,据原日本《朝日新闻》记者野岛刚介绍,担任日本在华企业顾问的松屋笃史打算把仿制的"黄金茶室"卖到中国。为此,他与厂家签订了独家销售代理权。他说自己这样做的目的有二:一是通过自己在中国进行的商业活动卖出黄金茶室,"来证明只身来到中国的日本人也能做成大事"。二是帮助那些目前身

---

① 大阪古名大坂,因为"坂"字可拆分为"士反",有"武士造反"的忌讳,所以明治年间改名为"大阪"。本书中一般情况下用"阪",特定历史名词中保留原文用"坂"。

处困境的日本工匠。日本的工匠虽然拥有高超的手艺，但由于市场在不断缩小，所以技术的传承受到了威胁。松屋想通过黄金茶室来证明，日本的工艺技术在国外也是有市场的。

其实，我觉得松屋笃史另有他意。还好，直到我 2017 年 6 月 6 日写这篇短文的时候，还没有中国商家或者"土豪"购买"黄金茶室"的消息。我情不自禁地点赞！

17. 岛井宗室：借商务活动掩饰"间谍"身份

旅游小贴士

    "博多三杰"之一的岛井宗室的府邸，就在今天福冈都市高速公路吴服町出入口附近。如今原址上只留下一块不起眼的石碑记述着历史。府邸的土墙在经历了美军空袭后只剩下残垣断壁，被搬移到了栉田神社境内。

    荣西禅师回到日本之后，曾经在博多修建圣福寺，并把自己从中国带回来的茶种种在了圣福寺的后山。从那个时候起，日本的南大门——博多就和茶道有了无法割舍的关系。之前说过了博多商人神屋宗湛，现在说说岛井宗室。

    岛井宗室是和神屋宗湛并列"博多三杰"的商人兼茶人，不仅和神屋宗湛有亲戚关系，也和他一样长袖善舞，懂得和当时日本最有权势的人搞好关系，两人都曾经与织田信长和丰臣秀吉联系紧密，并给予他们金钱上的支持，也都在德川家康得到天下后逐渐失势。所不同的是，岛井宗室的身份更加复杂，他除了是一位拥有皇族血统、从事"国际贸易"的巨贾，还多了一种既隐秘又危险的身份,他的这种特殊身份简直可以说足以影响世界历史的进程。

岛井宗室一族出自藤原氏,身上流着天皇的血液。不过,这事儿就和刘备自称是中山靖王之后一样,听听就算了。中国汉代中山靖王有两百多个孩子,日本的天皇也有那么多子嗣,谁能考察哪个是真哪个是假。没人对岛井宗室的皇族 DNA 是否纯正感兴趣,不过,岛井宗室的祖上从事的是中国人非常熟悉,却又实在没有好感的职业——倭寇。

室町时代足利家的将军们都很"稀罕"中国的瓷器字画,但是明朝政府官方许可的"勘合贸易"远远不能满足日本国内的需要,一些具有"冒险精神"地方势力铤而走险,私下从事与中国和朝鲜的贸易,而九州岛拥有最有利的地理条件,当地的豪族逐渐把持了日本与中国和朝鲜的民间贸易,岛井家就是其中的一支。随着一艘艘满载茶叶、人参和瓷器的商船返回博多,这些商人们也赚了个盆满钵满。

现在人们常常说"禅茶一味",这种说法最早源自村田珠光。村田珠光和千利休这些僧侣出身的茶道大师,本身就具备深厚的禅学修养和豁达恬淡的价值观。在他们的努力推动下,茶的地位得到提高,茶道文化变得更纯粹。事实上,在日本的战国时代,在台面上,茶文化与禅文化互相辉映,在台面之下,茶与政治的关系更紧密。如果把茶比作一家之主,那么禅就是正房太太,而政治是小妾。正房太太正襟危坐在高堂大屋,不过,很明显,"茶主人"更喜欢亲近自己的"小妾"。财富的聚集离不开权力的加持,尤其是在商人处于社会最底层的战国时代。岛井宗室深谙此道,他先是和九州的大名大友宗麟搞好关系,为大友宗麟提供经济援助换取了在九州的港口开展贸易的特权,后来逐渐接近如日中天的织田信长。岛井宗室投其所好,网罗了朝鲜和中国的茶具进献给织田信长,以换取他的保护。岛井宗室往来日本与朝鲜之间,有获得"舶来品"——"唐物"的便利条件,这种便利让他得以结识千利休、津田宗及等当时有影响力的茶道师。靠着这些当红人物为他穿针引线,在织田信长倒下后,岛井宗室迅速向丰臣秀吉靠拢。

说到这里,让我们一起揭秘岛井宗室另一层神秘的身份,那就是借经营贸易之便行探查朝鲜地形之实的"间谍"。岛井宗室前前后后在朝鲜居住了十年时间,趁着跟朝鲜人做生意的机会,不但把朝鲜的人情地貌摸了个门儿清,自己也成了"朝鲜通"。他回到日本之后,又奉小西行长之命重返朝鲜半岛,打探情报。后来,岛井宗室绘制了朝鲜地图,并把它献给了丰臣秀吉。这真是瞌睡来了,就有人送枕头。看到岛井宗室献上的这份充满诚意的"大礼",大喜过望的丰臣秀吉也回馈给他博多的专营权。在1591年的"战备会议"上,岛井宗室为丰臣秀吉和德川家康等人讲解朝鲜地形地貌,一时风光无两。将军才有特许经营的权力,为了自身的利益需求,商人与掌握枪杆子的将军打好关系是可以理解的,就连以"侘寂"闻名的千利休都不能免俗。可是做到岛井宗室这样"拼命"程度的茶商真不多。

不过,就是长袖善舞的岛井宗室也有他无可奈何的时候。足利义政从中国得到了一只茶入①——楢柴肩冲,这件茶器釉色素

---

① 茶入:最早出自中国,盛行于日本。中国称为茶仓或茶罐。

雅清寂，非常符合村田珠光提倡的"幽玄"之美。足利义政死后，楢柴肩冲辗转到了岛井宗室的手中，武将大名无不为它的盛名而心动。据说织田信长多次表示出垂涎之意，岛井宗室为了得到特许经商的权力，也有意献给织田信长，如果不是"本能寺之变"爆发，楢柴肩冲也许会被织田信长收入囊中，成为他夸耀的又一件"镇宅之宝"。只是，这件楢柴肩冲声名在外，是不少大名垂涎的宝贝，躲得过初一躲不过十五。九州的大名大友宗麟和岛井宗室交情深厚，愿出重金买下楢柴肩冲，岛井宗室迟迟不舍得出让。可是后来迫于压力，不得不把它献给了九州的另一位大名秋月种实。在丰臣秀吉征讨九州时，秋月种实拿这件楢柴肩冲作为交换，救了自己的命。这是日本茶道史上又一起"茶具救命"的故事。

岛井宗室和石田三成私交不错，这种关系也导致他在关原之战之后渐渐失去当权者的政治庇护。等到德川家康坐稳天下，声势显赫的"博多三杰"之一的岛井宗室几乎完全淡出了历史的舞台，不过，对于一位长期从事"间谍工作"的人来说，能得到善终已经是很不错的结局。站在朝鲜的立场来说，岛井宗室是以贸易为伪装，暗地从事侦查工作的间谍。这事如果发生在现在，等待岛井宗室的是什么就不好说咯！

18. 德川家康：一个懂得用茶道守业的幕府创业人

德川家康一手兴建的江户城，今天已经成为"皇居"。德川家康让加藤清正等西南诸侯兴建的名古屋城，今天已经成为日本中部地区一个旅游观光的景点。这里，我想向看官推荐，游览名古屋城的时候，一定不要忘记去看看城外的那间"茶室"。

通常，在人们的印象里，日本"战国三杰"之一德川家康对茶道的钟情，远远不如织田信长和丰臣秀吉。后两者对茶道，可以用一个"嗜"字来形容。但是，我们不能这样轻易下结论。

熟悉历史的人都知道，在 8 岁到 19 岁这 11 年的悠悠岁月里，德川家康是作为必须看人眼色的人质在骏府今川义元家度过的。被称为"海道第一弓取"的今川义元，在家中排行第五，能继承家督与他有强大公家背景的母亲支持不无关系。他的母亲出身名门藤原家，与当时的许多文人雅士都有交情，在她的影响下，今川义元所在的骏河城俨然就成了京都的"复印版"。德川家康做人质的那

79

段时光,正是战国大名今川义元处于鼎盛的时期,以致打造出"今川文化",而这个文化的重要内容之一就是别具特色的茶道文化。在这样的环境中,德川家康也必须关心、学习茶道,他是人质,但不是囚犯,人质是有一天要归还的,归还时他的教养如何,一定会折射出今川家的品性。因此,尽管人质的待遇未必有多么优渥,今川义元还是让德川家康跟随自己的恩师雪斋禅师学习。雪斋出身于京都妙心寺,有极高的艺术修养,"禅茶一味",茶道也是临济宗的必修课之一。跟在这样一位具备文韬武略的高僧大德身边,德川家康想不受以茶道为代表的京都文化的熏陶都难。

织田信长死后,几大势力跃跃欲试,最终丰臣秀吉在一场场血战之后掌控了天下,可是,唯有德川家康,这个无论年龄、资历、兵力、谋略都与自己不相伯仲的枭雄,他搞不定。德川家康大军压境,关键时刻,丰臣秀吉带着千利休一起迎接德川家康,用一杯茶化解了危机。面对丰臣秀吉用茶道"秀"出来的"肌肉",老谋深算、谨慎持重的德川家康暂时忍下了。丰臣秀吉继承了织田信长用茶道文化构建出来的武士集团,织田信长的旧茶头千利休对丰臣秀吉所表现出来的臣服,让德川家康明白了,此时硬碰硬的对抗还没有十足的把握,说不定不仅要丧失精锐兵力,还可能掉脑袋。这一次,德川家康见识了茶道的力量,他在心里早已默默盘算如何驯服"茶道"背后那股无形又巨大的力量了。

1591年的春天,樱花飘落的时节,"一人之下万人之上"的"茶圣"千利休也从他人生的最高处跌了下来,丰臣秀吉突然逼迫他剖腹自尽,千家的土地财产也尽数被没收。三年之后,估摸着丰臣秀吉的气也该消得差不多了,细川忠兴和德川家康等人劝说丰臣秀吉赦免千利休的后人,归还家产。世间冷暖,人走茶凉,千利休都不在了,还有谁惦记着他的儿孙家人。更何况,千利休得罪的人,是全日本最有权势的丰臣秀吉。蒲生氏乡和细川忠兴等人为千家求情,因为他们和千利休有师徒之谊,德川家康又是因为什么呢?要知道,关于千利休被问罪的原因,当时流传着种种猜测,有一种说法就是德川家康与千利休借茶会之机密谋毒杀丰臣秀吉,消息泄露之后千利休被迫自刃。在这样的背景下,德川家康不避人言为千利休后人求情究竟出于何种心理?我不是小说家,我也不想把德川家康塑造成一个情谊深长的伯乐知音,我和各位看官一样好奇:德川家康之所以会不避嫌疑仗义执言,究竟是对千利休遭遇莫须有罪名并因此无辜丧命而深深愧疚,还是对千利休为完成密谋所托之事而受到自刃重罚的一种报答?可惜,事实的真相早已随那时的云彩那时的月光消失在渺茫时空,今天的人们只能对着空茫茫的时空遐想、慨叹。

历史总是一再上演相似的剧情。千利休自刃 24 年之后,他生前寄予厚望的徒弟、在他死后继承茶头身份侍奉丰臣秀吉的古田织部,也以同样的方式为自己的人生画上了句号。下令的人,是德川家康。

1615 年夏,大阪的最后一次围城,德川家康拥有十成的把握,他看着大阪城内的丰臣秀赖就像看着被猫堵在洞里的老鼠。胜负早已分出,偏偏就在这个时候,古田织部的家臣木村宗喜因为有私通大阪城内丰臣秀赖一方的嫌疑被逮捕,并且由此牵连出半年前

"冬之阵"时,军事机密被泄漏的旧事,问题的矛头直指古田织部。或许,德川家康并非要置古田织部于死地,他不能允许又一个"茶圣"出现,对于这个无论在武将、町人还是公家中都具有极高影响力的"精神领袖",他要挫一挫对方的威风。但是个性狷介的古田织部不吃这一套,他一句辩驳的话都不说就选择了和师傅一样的结局——自刃。

织田信长打下基础,丰臣秀吉完成一统,德川家康坐收天下。因为看清了局势,德川家康才能成为笑到最后的那一个。织田信长把茶道当作收拢人心的工具,他做得很成功。商人们热衷于收集茶道名物,期待能以此换取织田信长一掷千金的赏赐。武士们冲锋陷阵、出生入死,一件名贵茶具是对他们战功的最大赞誉。织田信长死后,丰臣秀吉继承了他的八大茶头,并且以此为傲。德川家康对待茶道的热情,却远不如他的"前辈"织田信长和丰臣秀吉那么大。了解那段故事的看官应该都知道,尽管千利休的死因至今仍然是一个谜,但是千利休确实曾经是丰臣秀吉身边最倚重的人,深入参与了当时几乎所有的重大历史事件。千利休死后,古田织部作为他生前最器重的徒弟继承了茶道宗师的身份,德川家康的儿子、后来的二代将军德川秀忠也曾跟随古田织部学习茶道。但尽管如此,德川秀忠及之后历任德川将军都只聘请茶道老师,而不再设立"茶头"这一职位。此后的那些茶道名人,如小堀远州、片桐石州等也只有区区几万石的待遇,再不复千利休当年拥有足以呼风唤雨的影响力。

作为笑到最后的人,德川家康在前辈的经历中吸取了足够多的经验和教训,他明白,自己既不需要像织田信长那样靠搜集茶道名器为上洛"打广告",也不需要像丰臣秀吉那样豪华奢侈地置办黄金茶屋、举办北野大茶汤来"秀肌肉"。茶道,这个源于平安公家、兴于室町时代、彰显个性色彩的艺术形式,应该剥除附加在其上的陈旧时代背景,改造成适合江户时代的生活方式。正如小堀远州在《书舍文》中叮嘱的那样:"茶汤之道,无外乎尽忠孝于君父,不懈怠家家之业",守规矩,宣教化,这样的茶道才是德川家康所需要的。

德川家康是一个不热衷于茶道的人,他的名字只出现在那个时代"茶会日记"中最不起眼的地方,他却是一个懂得茶道背后巨大力量的人。或许,我们应该这样说,织田信长利用茶道创业,丰臣秀吉利用茶道拓业,而德川家康则利用茶道守业。

19. 山上宗二：一期一会为何惨遭割鼻切耳斩首

今天，在箱根汤本的早云寺内还可以看到山上宗二的"追善碑"。在大阪府堺市的南宗寺里可以看到山上宗二的"供养塔"，名曰"一会冢"。在堺市博物馆里可以看到记录着千利休茶道理念的著名的《山上宗二记》，是该博物馆的镇馆之宝。

中国的宋徽宗赵佶在《大观茶论》中说"茶有真香"。应该说，茶人对于茶道那些烦琐程序的苛求严守，对茶中丰富意境的不懈追求，体现的正是真正懂茶爱茶之人的"真"。只不过，在闪着寒光的日本武士刀下，"真实"是要付出生命的代价的。

身为富商和茶人的山上宗二，既是跟着千利休学习了 20 年茶道的高徒，又因为与千利休同为一个老家——堺而成为同乡。他虽然多钱善贾、富甲一方，在安土桃山时代却只能固守社会的底层，即便是留下"一期一会"这样美妙的茶道理念，留下极具文献价值的《山上宗二记》，也还是没有资格进入"利休七哲"的名单。因为，名单里的人全都是杀气腾腾握有一方大权的武士大名。

84

不过,也不能说丰臣秀吉不重视山上宗二。那时,丰臣秀吉把织田信长的"三茶头"千利休、津田宗及、今井宗久都延揽在自己身边,以此显示传承的"正统性",接着把山上宗二等5人也封为"御茶头八人众",社会地位不同一般。

不知道山上宗二是不是因为有钱说话就气粗,反正他是因为"嘴巴痛快了"而三次得罪丰臣秀吉。第一次是1584年(天正十二年),得罪丰臣秀吉后,被迫成为浪人流落到前田利家处。第二次是1586年(天正十四年),得罪丰臣秀吉后,被迫逃往高野山。第三次是1588年(天正十六年)完成著作《山上宗二记》后,干脆跑到位于小田原城的丰臣秀吉的对手——北条家当茶头。

这里需要说的是,《山上宗二记》在日本茶道界被奉为"茶道圣经",其中收录着一份《珠光一纸目录》,这是山上宗二记录的日本茶祖村田珠光的茶道秘诀。所谓"一纸",就是把日本特有的一种专门用于毛笔书写的"半纸"两次对折之后的纸(看来古代日本人的数学不太灵光啊)。这巴掌大小的"一纸",能有什么用? 就在这巴掌大的"一纸"上,记录了村田珠光向弟子门徒传授茶道技艺的提纲目录。对,看客没有看错,这张纸上只有提纲目录,没有详细的步骤说明或者操作指导。也正是因为有这张小纸片的存在,有力地反驳了一些历史学家对于村田珠光是否在历史上真实存在过的质疑。

这份充满神秘色彩的《珠光一纸目录》,只列目录却不留内容,不仅是为了保持流派传承的唯一性而不得不采取的保密措施,同时也可以看作村田珠光对禅宗要旨"不立文字"的继承和延续。正如六祖慧能开示无尽比丘尼所说的那样，月亮就在那里，手指可以指出月亮的所在，月亮却并不会因为手指而改变。茶道，就像天上的月亮，而《珠光一纸目录》就是指出月亮所在的手指。

1590年(天正十八年)，丰臣秀吉发动小田原之战，眼看着天下都要是"猴子"的了，作为北条家茶头的山上宗二心中恋世，还想在这个世间存活下去。他暗中密会师傅千利休，并透过千利休向丰臣秀吉请罪。事不过三！这次，丰臣秀吉也算是给千利休面子，同意宽恕山上宗二。

性格决定命运。这次，回到丰臣秀吉面前，山上宗二还是无法掩饰自己的"暴脾气"，遇到看不下去的事情时，还是忍不住要反唇相讥。最后，恼羞成怒的丰臣秀吉下令对山上宗二处以极刑。但是，这个极刑不是立即拉出去斩首，而是花时间分步骤一步一步地进行，第一步是削掉鼻子，第二步是切掉耳朵，第三步才是挥刀斩首。山上宗二英年早逝，那年只有46岁。今天，在箱根汤本的早云寺内还可以看到山上宗二的"追善碑"。在大阪府堺市的南宗寺里可以看到山上宗二的"供养塔"。

看到这里，有的读者可能会问："割掉鼻子的劓刑不是中国秦代的五刑之一吗？什么时候传到日本了？"是的，中国战火风云的先秦社会曾经有过劓刑，但到汉文帝的时候就将其改为打屁股的笞刑了，隋朝以后在刑典中不再有这种刑名。但是，日本接受中国刑罚文化没商量，早在平安时代就已经实施了。不过，当时实施的对象是赌博者和盗窃者，而不是政见不同者。到了丰臣秀吉的时候，他似乎对劓刑有一种变态的爱好，对处以死刑的天主教徒，都要求首先实施劓刑,然后拉着这些满脸鲜血哀声连连的人在京都大街游街示众一圈后再杀掉。也就是说,丰臣秀吉的劓刑针对的是持不同政见者。

再多说一句,在山上宗二死后十个月后的 1591 年(天正十九年)2 月,千利休也在丰臣秀吉的逼迫下切腹自杀。

在日本茶道历史上,丰臣秀吉一个人就杀死了茶人山上宗二,逼死了茶人千利休。因此,日本茶道的历史是一部血腥的历史。

20. 古田织部：最终走上与师傅相同的剖腹自杀路

在京都府京都市北区上贺茂樱井町，有一个以古田织部命名的古田织部美术馆，乘坐地铁到乌丸站，从 4 号出口出来，徒步 3 分钟左右就到。该美术馆是由古田织部的研究家宫下玄霸先生私人开设的，所有展品都是他的私藏。馆里陈列着古田织部生前钟情的桃山陶器、织部形茶道具等近 50 个展品，另外还有一些珍贵的古文书，每年还会举办 3 次盛大的企划展。

著名的日本茶道大师千利休被迫剖腹自杀后，后人把曾经跟随他学习的几位大名算在一起，封了"利休七哲"的名号，他们是蒲生氏乡、细川忠兴、濑田扫部、芝山监物、高山右近、牧村兵部和古田织部。不过，说出来可能让古田织部有点没有面子，因为他的名字是后来替换上去的。最初，这份名单上并没有古田织部的名字，占据这个位置的人是织田信长的弟弟织田长益。如果说留下《山上宗二记》的山上宗二因为是町人的身份不足以和大名们并列在一起，还可以理解，但大名鼎鼎的古田织部也被排除在外就有些说不通了。要知道，千利休曾高度肯定过古田织部在茶道上的造诣，认为自己死后，能担任"日本第一茶头"身份的只有古田织部。

有人说，只要认真了解一下古田织部这个人的茶道风格，就可以理解为什么他一开始被排除在外了。中世纪的日本，流行"唯古""唯师"的风气，古田织部却是一位另辟蹊径的学生。用世俗的眼光看，他是一个背离师门的坏学生。

我们不妨把两个人烧制的茶具进行一番比较。从茶碗的形状上看，千利休喜欢纤巧性灵、寂静恬淡的事物，其茶碗的烧制，都追求自然灵动之美、平和均衡之态。而古田织部烧制的茶碗，大多是歪斜不正，表面上坑坑洼洼，俗称"鞋型碗"。《宗湛日记》中称其"茶碗歪曲不整，别有风趣"，具有一种歪曲、不均衡的美，展现了豪爽、外向的武家风格。从色彩上看，千利休设计的乐窑茶碗大多为一色黑和一色红，色彩厚重单调。而古田织部烧制的茶碗，则是黑、白、绿、黄数色并用，浓墨重彩，表现了自由、奔放的性格。从图案上看，千利休烧制的茶碗图案大多为隐约可见的山、水、花、鸟，或者根本就没有图案，而古田织部烧制的茶碗表面多有明显不规则的几何图案，蕴藏着一种对规章制度的反叛和破坏精神。

问题是作为学生的古田织部为什么要如此背叛师门，硬要烧制出一种风格独特的"织部烧"茶具呢？有人分析，这是因为古田织部是武士出身，与卖鱼出身的千利休在审美趣味上颇为不同。但是，也有人指出，古田织部是在老师千利休被赐死之后，奉丰臣秀吉之命进行茶道改革的，丰臣秀吉要求古田织部用武士风格的茶道代替千利休的"町人茶道"，烧制的茶碗也要"反其道而行之"。写到这里，我想起中国的陈寅恪先生曾有诗言："自由共道文人笔，最是文人不自由。"其实，茶道也罢，茶师也罢，只要进入了权力中枢的圈子，就会变得不自由。

我还想说，世人往往只看到古田织部与老师千利休的不同之面，而忽视他自身叛逆性格与千利休的酷似之处。古田织部曾经在织田信长身边 22 年，然后在丰臣秀吉手下铁血冲杀、精致点茶。进入德川幕府时代后，他已经成为"三朝元老"了。受德川家康的委托，他成为其子德川秀忠的茶道师范。但是，他自恃功高，对德川家康，多有顶撞，多有不敬，犯下元老级人物的大忌。

1615 年(庆长二十年)，在大阪夏之阵战役中，古田织部的茶头木村宗喜被怀疑与丰臣家"内通"，在京都一带放火，遭到京都所司代板仓胜重逮捕。结果，木村宗喜的主君古田织部也自然连带性地沾上"内通"的嫌疑。大阪城陷落后的 6 月 11 日，德川幕府下令古田织部剖腹自杀。

有人说，历史总是有惊人的相似之处。我要说，历史总是会重演的。24 年前，古田织部的老师千利休在丰臣秀吉的逼迫下剖腹自杀。24 年后，古田织部要走上一条与老师完全一样的死亡之路。与老师不同的是，72 岁的古田织部没有在临死之前举行茶会，也没有把自己喜爱的茶具分送他人，而是不做任何解释地剖腹自杀了。紧接着，他的儿子古田重广追随父亲也剖腹自杀，而木村宗喜等 24 人则被处死。

人生不过一场黄粱梦,在频繁的美丽与曲折的悲欢之后,悠然醒转,新炊却犹未熟。在日本茶道史上,师徒二人同样自杀身亡,是不能忘记的。

21. 千道安：因为后妈而无法取得成就的利休嫡长子

旅游小贴士

1607 年，62 岁的千道安去世，葬于大阪府堺市南宗寺，也就是其父千利休年轻时禅修过的寺院。寺院内有千利休一族的供养塔。

作为千利休被迫自尽之后中兴千家的重要人物，千宗旦的知名度在日本仅次于自己的祖父千利休。又因为千宗旦的关系，很多人记住了千宗旦的父亲、千利休的女婿兼养子千少庵的名字，却往往忽略了原本作为千利休嫡长子继承了千家茶道的千道安。

从京都大德寺聚光院存有的《过去帐》中可以看出，千道安生于 1546 年（天文十五年）。他不仅出生后就身有残疾，腿脚不便，而且关键他的母亲是什么人至今说不清楚。一种说法是战国大名三好长庆的女儿，一种说法是另一位战国末期大名北条氏规的女儿。关键的关键是，千道安命运不济，还在幼年的时候，他的母亲就病故了。千利休呢,也不肯让这个"无妻空白期"时间过长,很快就再婚了,继母宗恩带来了一个和千道安年龄一样的"拖油瓶"——后来取名为千少庵。这样一来,失去亲生母亲的千道安还成了"地里黄"的"小白菜"。后来千利休干脆把自己的女儿阿龟许配给继子千少庵,就是有意再培养一个接班人的节奏。

按理说,千道安作为千利休的长子,理应追随父亲,传承父亲,光大父亲。但是,从1571年以后的10年间,也就是从千道安25岁以后的十年间,在任何文献里面,都没有千道安作为茶人参加茶会的记录。显然,他已经被边缘化了。原因也很简单,有后妈,就有后爹。千道安少年和青年时代是如何含泪成长的,已经无人可知了。

为了求得父亲的欢心,千道安也算是费尽心思。据《茶话指月集》记载:有一次,千利休应邀到儿子千道安家参加茶会。进入庭院后,他发现地面上有一块石头比其他的石头略为高出了一些,就笑着低声对客人说:"我这个小子还是不行啊,他就没有注意到这块石头。"谁料,在旁边听到这番话语的千道安立即行动,把这块石头挖出来后重新掘土垫平,再把这块石头放回原位,培土,泼水,与其他石头一般平了。等到千利休从茶室出来的时候,立即发现了这个变化,说:"你小子可真是手快啊!"这,究竟是褒还是贬,真的是谁也说不清楚。

而《细川三斋茶书》里面记载的故事更有意思。有一年春天,千道安筹划一场茶会,邀请细川三斋、芝山监物和千利休参加。在茶会的前一天晚上,千利休趁人不注意悄悄潜入茶室,把炉灰掏出来撒满一地，看着第二天搞不成茶会了才回家。但是，当天晚上，千道安就回到茶室，把满地的炉灰清理干净，然后换上新的榻榻米，好像这里什么都没有发生一样，第二天照常举办茶会。世上，怎么会有这样的父亲？难道都是续弦造成的？

1594年，是千利休被迫剖腹自杀以后的第三年，在德川家康和前田利家等人的恳切请求之下，丰臣秀吉免去了千家的罪责，并且允许千道安继承其父亲留在故乡堺城本家的家业。说起来，丰臣秀吉与千道安还是有一面之缘的。1583年（天正十一年），丰臣秀吉在举办茶会的时候，曾经让千道安担任茶头之一，只不过是坐在并不起眼的末席罢了。消息灵通的"猴子"丰臣秀吉一定熟知千利休的家庭亲属关系内况，此刻让千道安继承父业，表面上看起来冠冕堂皇——允许子承父业，实际上是让他们去"窝里斗"，内耗的成果总是大于外战的。

有一种说法是，千利休惨遭大祸以后，千道安为了避免祸及自身，仓皇出逃到飞驒（tuó），后来孤独地死在德岛。其实，千道安后来是被其父亲的学生、丰前国的大名细川忠兴请去做茶头，几年之后，死在当地。还好，千道安的墓地与其父亲千利休的墓都在位于堺市的南宗寺内。父子相爱也罢相怨也罢，死后总还是在一起的。

千道安死了，他并没有留下一男半女，千少庵一脉就有了对千利休茶道的绝对继承权。

千道安的性格比较粗放，千少庵的性格却比较细腻，时间一久，两人之间难免产生很多矛盾。历史是胜利者书写的，千少庵的子孙"三千家"占尽日本茶道的大半江山，由他们书写的茶道历史又怎会为这位"竞争对手"留下太多笔墨。于是，千道安，这位曾经作为千利休嫡长子集万千荣耀于一身的茶人，就这样沉没在历史的长河中。

22. 织田有乐：织田信长之弟打造国宝级的茶室

旅游小贴士

如果大家想看一眼真正的"如庵"，可以乘坐名铁犬山线，在犬山游园站下车，徒步7分钟，就能看见一家名为名铁犬山的酒店。在该酒店的庭院内，有一间小小的茶室就是"如庵"。日本人通常认为，织田有乐的"如庵"在设计上要比千利休的"待庵"更为潇洒，有武家的端正风度在里面。

旅日多年，我在东京，每天去《日本新华侨报》社上班，都要乘坐地铁有乐町线。也巧了，我1988年到日本留学，地铁有乐町线也是在那一年全线通车的。有乐町线全长23.8公里，总共有24个车站，其中有一站就叫"有乐町"。

奇怪，这个车站为什么会叫"有乐町"呢？是因为到了这里就会有什么快乐？还是这里曾经发生过什么快乐之事？都不是！流行的一种说法是，日本战国时代"三杰"之一织田信长的弟弟名叫织田长益，取号为"有乐斋如庵"，后世称其为"织田有乐"。论打仗的水平，他与哥哥织田信长有天壤之别，论玩茶道，他则是"千利七哲"之一，硬是打造出一个"有乐流"。后来，他受封居住在江户城内的地方被称为"有乐原"，就是今天"有乐町"的前身。

流行的另一种说法是，查遍《宽永江户绘图》，也找不到织田有乐在这里居住过的痕迹，现在只有《鹿尘日录》里面有一行关于他曾经居住在江户的记录，但没有其他的旁证。倒是木村毅在《有乐町今与昔》里说的有道理，织田有乐曾在这里开设学习茶道的"有乐坊"，他的弟子居住于此，后人就把这里称为"有乐町"了。

还要多说一句，因为织田有乐曾在大阪居住过，所以现在大阪也有一个叫作"有乐町"的地方。

说起织田有乐从师学艺，还有这样一段小故事。一天，他前往师父千利休的家中拜访，看见师父正在一堆茶器中挑挑拣拣摆弄个不停。原来，千利休近日淘到一只自己喜爱的茶罐，其造型典雅古拙，却遗失了原有的盖子，他就想从自己囤藏的物件里找到一个适合它的盖子。

忙忙叨叨地折腾了大半天，千利休总算找到了一个明显大了几圈的茶罐盖，自己非常满意，越看越喜欢，就用这对"不般配"的组合茶具给织田有乐亲自点茶。织田有乐看得满心狐疑，但又不好质疑师父的权威。他想，师父这样搭配，一定有自己的道理。

不久，轮到织田有乐请师父千利休到自己家中参加茶会。他东施效颦一般学着师父的样子用一个超大的盖子搭配了一只茶罐。织田有乐以为师父一定会对自己善于学习的悟性感到满意，没想到千利休毫不客气地指责他："我用大茶盖配小茶罐，是因为两者组合相得益彰、浑然天成，能够产生自然协调的意境，你想学习我的做法，却不考虑你选的这两只茶具是否有统一的风格，只是人为地勉强凑在一起。你根本没有理解茶道的意境。"

这次，织田有乐真的有所悟——对茶道的理解，不应是亦步亦趋的迷信，也不应是生搬硬套的模仿，更不应是缘木求鱼的盲从，即使是奉为"天下第一"的师父，也只能做指路的明灯，走路还得靠自己。

1582年，一场本能寺之变，织田信长被手下叛将明智光秀逼得在熊熊火焰中自杀。几乎与此同时，明智光秀乘胜追击，紧紧包围了织田有乐和织田信忠所居的二条御所。织田信长的儿子织田信忠寡不敌众，最终与父亲走上相同的自杀之路。一众家臣也都殉主而亡。不过，织田有乐——织田信长的亲弟弟却活了下来。

坊间流传织田有乐是从一个狗洞钻出来得以逃命的，更有甚者说织田有乐忽悠侄子织田信忠自杀，并以此邀功换来了自己的活命。总之，兄侄皆亡，唯他独活，煞是被世人嘲笑了一番。当时，京都的儿童还把这件事情编成歌谣到处传唱。

织田有乐与哥哥织田信长的暴戾性格颇不相同，且又有哥哥的武力和财力罩在头上，因此有很多机会接触珍奇的茶具和高异的茶人。本能寺之变后，失去了哥哥庇护的织田有乐投奔外甥女淀君，在"外甥女婿"丰臣秀吉的身边游走，并且在师父千利休被赐死之后被丰臣秀吉任命为茶头。

丰臣秀吉死后，织田有乐一直在德川家康和淀君之间活动。关原之战，织田有乐参加了东军，攻打石田三成；大阪围城时，他又和淀君往来密切，试图成为德川家康和淀君之间的"和平使者"。

如此尴尬的处境,难免让人怀疑他究竟打的是什么算盘。就在大阪"夏之阵"爆发之前,织田有乐找了一个借口从大阪城全身而退,只留下外甥女淀君和丰臣秀赖这一对孤儿寡母。他的这种所作所为,再次成为被世人诟病的污点。

其后,外甥女淀君自杀,大阪城破,织田有乐也从此消失在大家的视野中。隐居后的他,把全部精力投入茶道艺术中,永远地告别了权力争斗。

据记载,1618 年,隐居后的织田有乐在京都建仁寺的正传院内,打造了一座古朴典雅的茶室——如庵。其后,几经易手,屡次搬迁,最后落户在爱知县犬山市有乐苑内。1951 年,日本政府依据《文化财保护法》将其指定为"国宝",它与妙喜庵、密庵一起被称为日本三大国宝级茶室。我想,如果织田有乐地下有灵,不知是会唏嘘,还是会感到欣慰。

如今,在神奈川县立大矶城山公园内,有一座完全山寨如庵的茶室——"城山庵"。在位于东京日本桥的三井本馆的三井纪念美术馆内也有一座仿造"如庵"的茶室。

23. 武野宗瓦："战国三杰"手下命运多舛的茶人之后

旅游小贴士

　　武野宗瓦的父亲武野绍鸥,就葬在大阪府堺市的南宗寺,和众多历史上的茶人一起,享受着崇拜者敬献的烟火。但是武野宗瓦的长眠之所却查无记录。

　　中国有句俗语:"龙生龙,凤生凤",无论从潜移默化的观点,还是从遗传基因的研究来看,名门之后天生就具备了一些优势,他们往往占尽天时地利,能够近水楼台先得月。

　　无可否认,出身非常重要,可是,时机更重要。如果时机不对,就算是嫡子也可能失去一切。现在要说的就是一个出身名门却命运多舛的倒霉蛋——武野宗瓦。

　　武野宗瓦的爸爸是上承茶道始祖村田珠光下启茶圣千利休的大名鼎鼎的武野绍鸥。这出身足够正统了吧? 可惜,武野宗瓦是武野绍鸥48岁才得的儿子,牛掰老子罩不了他多久! 武野绍鸥临死前把这个唯一的儿子托付给自己的女婿兼徒弟今井宗久照顾,就放心地闭上了眼睛。而此时,作为嫡子的武野宗瓦才 6 岁。老爸死后,武野宗瓦过着寄人篱下的生活,老爸收集的那些名贵茶器明着暗着都到了姐夫今井宗久的手里。今井宗久靠着岳父的遗产顺利地搭上了当时如日中天的织田信长。今井宗久将岳父收藏的名茶器"绍鸥茄子"和"松岛茶壶"进献给织田信长,成功地引起了他对于茶道的兴趣,成为织田信长"狩猎名物"的领路人。同时,今井宗久还从事贩卖军火的生意,积累了大量的财富,成为织田信长统一天下路上的"重要赞助人"。

长大成人后的武野宗瓦继承了父亲的事业,做了一名茶人。想到家产都到了姐夫今井宗久这个外人手中,武野宗瓦自然不甘心,他把这场家产纠纷官司打到了织田信长那里,申请讨回被姐夫拿走的父亲遗物。武野宗瓦只是个无依无靠的毛头小子,而此时的今井宗久不仅是织田信长的茶头,更是他的战略物资赞助商,裁决的结果可想而知——武野宗瓦空手而归!不过,至于这份裁决是否公正,就只有天知地知、织田信长和今井宗久知咯!这件事,也成为今井宗久一辈子的污点,被后世茶人所诟病。

眼看着父亲的茶器讨回无望,与姐夫今井宗久也翻了脸,今后的生活该怎样继续呢?翻看流传下来的《茶汤会记》,可以看到武野宗瓦的名字一次次出现在其中,20 岁的他还是凭借父亲的名气和自己的天分,成为大名们茶会的座上客。可是,武野宗瓦却不想继续做茶人了。他想,在"下克上"的战国时代,做一名武士或许才是最好的出路。

可惜,武野宗瓦做武士的愿望来不及实现,被织田信长流放了。这一年，是 1581 年，武野宗瓦正当而立之年。灾难来得是那么突然！

或许因为织田信长对武野宗瓦太过残酷，以至于后人怀疑武野绍鸥 54 岁时就突然离世也与织田信长有莫大的关系。甚至有传言说，织田信长邀请武野绍鸥出任自己的茶头，遭到了拒绝，在恼羞成怒之下就毒杀了武野绍鸥。尽管被称为"第六天魔王"的织田信长的确为人残暴，但是如果把武野绍鸥的死因归结到他身上，实在有些冤枉。毕竟，武野绍鸥死的时候，织田信长只有十几岁，被人称作"大傻瓜"，还在尾张乱晃荡呢。

说回武野宗瓦。在他被流放的第二年，突然峰回路转，发生了"本能寺之变"，织田信长葬身火海。武野宗瓦也提前结束了被流放的悲催生活，悄悄地从流放地回到老家堺生活。在战国时代，堺地的民众天天提心吊胆，担心遭遇增税征兵，但又天天暗自偷笑，因为作为港口与中国、朝鲜、南蛮海外贸易有大把银子的收入。这里的人们生活富足、稳定，以"会合众"的方式过着自治的生活。远离了权力中心，武野宗瓦依靠祖上传下来的田地，希望过上安稳的生活。

可惜，树欲静而风不止，没过上几年安生日子，被流放的命运再次降临到武野宗瓦身上。当年，织田信长围攻石山本愿寺，花费了十年时间才彻底瓦解了本愿寺的势力。事后，各种流言扬沸不止。有人说本愿寺迟迟攻打不下来的原因，就是织田信长这边出了内奸。一来二去，发现武野宗瓦的老婆是在石山本愿寺长大的，夫妇二人成了重点怀疑对象。1588 年，丰臣秀吉再次放逐了武野宗瓦。

两年之后，得到丰臣秀吉的允许，武野宗瓦终于又返回了老家堺。可是，从祖辈传下来的田地已全部被抄没了，武野宗瓦的生活陷入了困境。不过想想，连父亲的大弟子、丰臣秀吉最倚重的茶头——千利休都落得一个剖腹自尽的下场，流放和抄没又算什么呢！还好，到了这一年的腊月，武野宗瓦得到了百济（此百济非彼百济，是日本的一个地名，在今天的大阪市生野区一带）的一片土地作为赏赐，这位名门之后才不至于饿着肚子过年。

关西看来不适合发展，于是武野宗瓦就去骏府投奔德川家康，在他麾下成为一名"御伽众"，以幕僚的身份随侍左右。在大阪包围战之前，武野绍鸥受德川家康之命，返回了大阪城，在丰臣秀赖的身边做事。或许，德川家康正是看中了武野宗瓦的身份背景，作为武野绍鸥的嫡子，更易于结交各色人等。

大阪包围战的结果，大家都知道，至于武野宗瓦究竟在其中起了多少作用，就不得而知了。他身为茶人，却一次次被牵扯进战争的硝烟和权力的争斗之中。茶人关起门来点一杯"侘寂"的茶，容易。可是若真想以"侘寂"作为人生哲学来践行，谈何容易！"我意佛家法，原为悔过开。今成渡世术，念此令人哀。"——这是千利休晚年常常挂在嘴边的一首和歌，借慈镇大师之口说出一位以茶为生、因茶而亡的茶人的无奈。想来，晚年的武野宗瓦也会生出同样的感慨吧。

1614 年的秋天，在大阪城包围战之前，武野宗瓦溘然长逝。能够避免目睹城破之时的烈焰与杀戮，也算是一种善终吧。

武野家的后人们现在居住在名古屋。家谱,是武野家后人重要的遗产之一,祖先们曾经的辉煌、暗淡、荣耀、委屈,都随着陈年的墨迹锁进古旧的卷册里。

24. 神屋宗湛："红顶商人"推助战争写茶会日记

旅游小贴士

如今,在日本福冈县福冈市博多区的奈良屋町,有一座祭祀着丰臣秀吉的"丰国神社"。这里曾经是"博多三杰"之一、茶人神屋宗湛居住的屋址。此人的墓地则在福冈市的妙乐寺内。

即使到了今天,高档茶叶和精致的瓷器依然不是寻常百姓家日常消费的对象,而在生产力低下的日本战国时代,能玩得起茶道的,绝对都是非富即贵的主儿。这次要说的这位就是身兼商人与茶人双重身份的"博多三杰"之一神屋宗湛。

神屋宗湛,一位出身于博多豪富之家的嫡子。什么样的人家才能算得上豪富呢?这么说吧,如今被列为日本第14个世界遗产的石见银山就是神屋宗湛的曾祖父神谷寿贞负责开发的,神谷寿贞通过引进国外先进技术——吹灰法,大大提升了石见银山的开采量。当时日本的白银出产量占据了世界的三分之一,而这其中大部分就出自石见银山。守着这么个聚宝盆,掌握最先进的发掘技术,神屋宗湛就是一个躺在印钞机上出生的"富四代"。

神屋宗湛的父亲神屋绍策拥有一支规模庞大的商船队，经常游走于东亚地区的朝鲜、中国和日本之间，积累了大量的财富。俗话说，龙生龙，凤生凤，老鼠儿子会打洞。子承父业的神屋宗湛不仅接手了父辈的事业，也继承了父辈的经商头脑，他长袖善舞，审时度势，善于和有实力的武士阶层搞好关系。1582 年，神屋宗湛与博多豪商岛井宗室一起前往京都拜谒织田信长。织田信长深知要与富商处好关系，才能在征讨天下的时候得到丰厚的"赞助"，便在安土城接待了神屋宗湛等博多富商。神屋宗湛明白自己若不割点肉，是不可能从织田信长这里拿到"特许经营权"的，该出血的时候就得出血，该献宝的时候就得献宝。神屋宗湛一方面为织田信长搜集精致的"唐物"茶器，另一方面也承诺为织田信长统一日本的梦想提供经济援助。几次觐见，取得了可观的收效。神屋宗湛不仅得到了织田信长的认可，还与织田信长座下三大茶头之一的津田宗及结下深厚的私交。

就在一切顺风顺水地朝着神屋宗湛的预期发展时，就在神屋宗湛以为自己的事业已经布好了关系网之时，1582 年 6 月突然发生了"本能寺之变"，织田信长一命呜呼。织田信长这棵大树倒了，之前埋下的伏笔起了关键作用，在当时著名的茶道师津田宗及穿针引线的安排之下，神屋宗湛 1585 年再次前往京都，迅速搭上了丰臣秀吉这条大船，然后在大德寺出家了。也就是差不多与此同时，神屋宗湛开始书写那部著名的茶会记录——《宗湛日记》。

人们常说，商人都是逐利的，出身经商世家的神屋宗湛也不例外。接手了织田信长的事业之后，丰臣秀吉陆续搞定了本州岛的诸大名，只剩下九州岛上的岛津家族。神屋宗湛慷慨地为丰臣秀吉征讨自己的"旧主人"——统治九州岛的岛津家提供了经济支持。1587年的夏天，神屋宗湛举办了一场规格极高的茶会，迎接从征讨九州岛凯旋的丰臣秀吉。茶会取得了成功，丰臣秀吉非常喜欢这位"识大体"又"有品位"的茶人兼商人，投桃报李地颁布了对博多免除赋税和劳役的命令，准许博多进行海外贸易。于是，神屋宗湛成了复兴博多的大功臣。丰臣秀吉把他当作座上宾，赐给许多特权，还封了"博多第一商人"的称号。

与真正的茶人千利休不同，神屋宗湛是支持丰臣秀吉出兵侵略朝鲜的。1592年，丰臣秀吉发动"庆长·文禄之役"入侵朝鲜半岛的时候，神屋宗湛担任后方兵站的供应官，又着实地发了一笔战争财。显然，无论是内战也罢，外战也罢，只要是丰臣秀吉发动的战争，神屋宗湛就毫无条件地支持，丝毫不顾忌那些在战争中牺牲的人们，可谓是个"战争推助器"！也正因此，神屋宗湛成为丰臣秀吉信赖的朋友，可以有机会出入丰臣秀吉的府邸，参加当时顶级的茶会，并用自己的视角观察那个时代里一批最顶尖人物或风流倜傥或满怀惆怅的过往。

神屋宗湛把自己的所见所闻记录下，为后人留下了《宗湛日记》。"红顶商人"依靠政治投资发展贸易，每一次改朝换代对他们来说就是生死攸关的洗牌。丰臣秀吉死后，德川家康成为新的权力中心，和丰臣秀吉关系亲厚的神屋宗湛自然受到冷遇，他也渐渐退到了历史舞台的角落处。

还需要提及的是，神屋宗湛还有一件家宝，就是来自中国的茶具"博多文琳"。丰臣秀吉看上了，几次想要，神谷宗湛的回复是："你只要肯把半个日本给我就行。"福冈藩主黑田长政也看上了，几次让他"贡献"出来，他也不肯！1624年，福冈藩第二代藩主黑田忠之发出命令，说我爸爸有遗嘱，一定要让你把"博多文琳"交出来。无奈，要做福冈藩"御用商人"的神屋宗湛只好这样做了，并象征性地得到了2000两黄金和可以收入500石粮食的土地。后来，只有在黑田藩更换藩主的时候，"博多文琳"才会被展示。据说，平时谁如果随便观看，就会给黑田藩带来灾难。黑田藩主曾把这件茶具带到江户城（今天的东京），德川幕府第三代将军——德川家光为此举办茶会，向众人炫耀这件茶具，在场的茶人为此写下了《文琳记》。还好，还好，这件茶具如今收藏在福冈市美术馆。神谷宗湛也因为交出了这件茶具而在85岁时得以寿终正寝，如今墓地在福冈的妙乐寺内。

神谷宗湛的《宗湛日记》，记录了丰臣秀吉时代重大的茶会活动。这部日记与堺的富商津田宗及的《天王寺屋会记》、今井宗久的《今井宗久茶汤书拔》、奈良商人松屋久政的《松屋会记》并称日本"四大茶会记"。这部日记，始于1586年，终于1633年，时间跨度近半个世纪，通过一个旁观者的眼睛为后人展现了一个角度独特的战国茶人世界。通过神屋宗湛的日记，看客们可以看到坚持己见的千利休、傲慢自负的丰臣秀吉，看到战国时代武将与茶人町人的一派众生相。或许，神屋宗湛对茶道的热爱带着投机的成分，但是他留下了这部《宗湛日记》，就足以让"神屋宗湛"成为日本茶道史上无法忽略的名字。

25. 高山右近：我爱我师千利休，我更爱天主教真理

　　从阪急高槻市站向南徒步 12 分钟，就是高槻地址公园。在公园的入口处，就有一尊高山右近的铜像。虽然他担任城主的时间非常短，但因为是"切支丹大名"，因此反而比其他城主的名气都更大。1614 年，高山右近因为不肯放弃信仰，被德川家康下令驱逐出境，全家从长崎坐船前往马尼拉，受到了西班牙总督的热烈欢迎。但由于年岁已高外加海上颠簸，高山右近在到达马尼拉 40 天后便因病去世，被葬入马尼拉的天主教堂里。后来，其家族被允许带着高山右近的遗骨回国，却发现遗骨已经不在教堂里。流落何处，至今仍然是个谜。如今在石川县、福井县、大分县，都有高山右近的直系子孙，他们至今仍在海外寻找先人的遗骨。

　　禅茶一味，茶道与禅宗的关系，无须多言。不过，茶道与天主教关系密切，却很少有人提及。其实，"利休七哲"中就有一位九头牛也拉不回的天主教徒——高山右近。

　　1587年深夜，丰臣秀吉颁布了日本历史上第一次禁绝天主教的《伴天连追放令》，禁令的颁布标志着统治者对天主教徒的态度由"怀柔"变成了"拒斥"。这则看似突然的禁令，并不是因为丰臣秀吉心血来潮。当时，日本全境至少有20万天主教徒，其中还有一些手握重兵肥田的大名，他们有一个专门的称呼"切支丹大名"，也就是"天主教大名"。一旦这些人发生叛乱，对丰臣秀吉来说无疑是巨大的威胁。据说，让丰臣秀吉改变态度的导火索之一，就是"切支丹大名"高山右近坚决拒绝放弃自己的信仰。

　　在高山右近担任高槻城城主的五年时间内，因为他大力推广天主教，城内超过三分之二的人都成了天主教徒，这样的比例绝对足以引起丰臣秀吉的警惕。

　　禁令一出，珍爱高山右近才能的老师千利休就来说服他放弃信仰。但是，高山右近表现出一副"我爱我师，我更爱真理"的样子，明确表示"违反主君意向还能不改变自身意向的人才是真正的武士"，不仅拒绝了千利休，还放弃了自己的地位权力，转身寄居到金泽城主前田利家的家中。其实，在千利休的茶道弟子中，信仰天主教的战国大名着实还是有几个人的。这些人，后来都是信奉"听人劝，吃饱饭"，在千利休的劝说下，悄然无声地放弃了对天主教的信仰。弟子中唯有这个高山右近，因为"唯有"而青史留名。

　　早在1577年（天正五年），高山右近的名字就出现在《津田宗及茶汤日记》里面，俨然是有名的茶人。1584年（天正十二年），丰臣秀吉举办的茶会上，他也位居其中。1587年（天正十五年），他以"高山南坊"的名字出现在《利休居士百会记》中。南坊，是他给自己作为茶人而起的名字,意为"南蛮的坊主"。在当时的日本,"南蛮"就是天主教的代名词。可见,此时此刻,高山右近在内心中已经把茶道与天主教紧紧地联系在一起了。

尽管处境如此艰难,高山右近心中仍然念念不忘的是茶道和天主教。在此后大约 25 年的时间里,他在这里一方面以茶人的身份推广茶道,一方面以传教士的身份推广天主教,成功地实现了天主教茶道化以及茶道天主教化。

曾经受到过丰臣秀吉、德川家康等多位位高权重者信任的葡萄牙传教士陆若汉(John Rodrigues)在《日本教会史》里是这样描绘高山右近(千利休七哲之一)的:"他常说,风雅之事有助于培养情操、增长智慧","他经常躲进安静的茶室里向天主教神祈祷"。由此可见,对于高山右近来说,茶是修炼、是冥想,而茶室,则是向神祈祷的地方。

应该说,茶道与天主教的关系目前还不十分明确,但高山右近的人生史告诉我们:茶道与天主教是有一定相互影响的。上智大学名誉教授 Peter Milward 就曾经说过,"我第一次参加茶会,就感觉这和天主教的弥撒很像"。比如手的动作、用来擦拭茶碗口的茶巾,都和弥撒类似。当年千利休住过的大阪堺市,本来就是天主教徒比较集中的地方,所以他的弟子里有天主教徒也不足为奇。

1614 年,德川幕府的首代将军——德川家康出台了更为严苛的禁绝天主教的法令,举目日本列岛,已经没有高山右近可以待下去的地方,他不惜冒着生命危险漂洋过海,逃到了菲律宾。当时,高山右近已经是六十多岁的老人了,一路漂泊吃了不少苦头,再加

上水土不服,过了一个多月时间就在马尼拉"见上帝"了。

高山右近,作为战国时代的武将,一生中有过多次"背叛主人"的经历,却在皈依天主教之后,一心一意侍奉"天主",不惜抛弃地位权力甚至生命,最后客死异乡。

2014年3月10日,高山右近的粉丝们还举办了一场"高山右近400远忌追善茶会"。那年,石川县美术馆也举办了题为《高山右近和他的时代》的专题展览。

历史,总是钟情有信仰的人。

26. 本阿弥光悦：走在艺术集大成者的茶道之路上

旅游小贴士

喜欢日本茶碗的人，我建议你们追踪本阿弥光悦的足迹。如今，在东京三井纪念美术馆里收藏着他的黑乐茶碗——"雨云"，在名古屋市博物馆内收藏着他的黑乐茶碗——"时雨"，在东京畠山纪念馆里收藏着他的赤乐茶碗——"雪峰"，在京都相国寺承天阁美术馆里收藏着他的赤乐茶碗——"加贺"。

对日本刀剑或书画文化感兴趣的看官，一定知道日本文化史上本阿弥光悦这位大咖。本阿弥家世代侍奉著名的足利家、丰臣家、德川家等，负责日本刀的鉴赏和研磨工作。而光悦虽姓本阿弥，却出生于这个庞大宗室的分支，这也给他创造了在继承"本阿弥流"刀剑研磨工艺的同时发展其他技能的空间。

在日本历史中，很难找到像本阿弥光悦这样多才多艺的人了。在这浩瀚无边的历史洪荒中，讲述某一位人物又是如此的困难，如果只用一个词来定义本阿弥光悦的话，一定不是祖传的刀剑，而是他作为"宽永三笔"之一和光悦流鼻祖的书道造诣；如果只用两个词来评价他的话，那可能还不是祖传的刀剑技艺，而会是我现在要说的，他的茶道和制作茶碗的陶艺。

相传，本阿弥光悦曾跟随日本著名的大茶人、侍奉德川家的古田织部在织田有乐斋学习茶道和陶艺，这种说法也几乎统治了日本茶道的历史。但是，如果更加仔细地查阅本阿弥光悦的历史资料，就会发现这种说法被光悦本人亲自否认过。本阿弥光悦认为，如果把茶道冠上"有乐"之名就太奇怪了。正因为如此，他究竟师从于谁，也就成了一桩有趣的历史疑案。

无论师从于谁，本阿弥光悦在日本茶道史上的地位都毋庸置疑。与其他大茶人不同的是，他还明确又坚定地批判过日本自古以来以茶代"战"的风气。例如，一方面他认可千利休和武野绍鸥的知名度，另一方面他又谴责他们把茶和权力、政治联系起来，让高贵的茶道染上了世俗的色彩。甚至对于织田信长的所作所为，本阿弥光悦也有一套自己的看法。当时，织田信长在血腥的战争中获得胜利后，以茶道用具代替作为战利品的领土或城市，赏赐给部下。这样的做法极大地抬高了茶道用具的价格。本阿弥光悦觉得这是把茶道中的"作法"变得太过形式主义。他对自己所在时代的实际统治者——德川幕府曾急于确立封建制度的事情也加以批判。而他自己，则只使用最质朴的、没有过多装饰的茶道器皿。他向人们说："如果总是抱着'不能摔''不能丢'的想法使用茶道用具，就太麻烦了。"

正是因为有着这样"安能摧眉折腰事权贵"的纯粹性格和"能

追东风作雨无"的豁达胸襟,本阿弥光悦被后人称为"艺术至上主义者"。他不向权威献媚,也不畏惧强权,永远只从艺术的立场出发去思考问题。虽然德川幕府也多少感到不快,但本阿弥光悦的才能和高尚质朴的人格却无法否认。所以,当时德川幕府的三代将军——德川家光特别授予他"天下重宝"这样的称号。

另一方面,无法理解他的世俗之人也大有人在,本阿弥光悦的外甥孙、江户时代有名的大商人灰屋绍益十分尊敬自己的这位亲人,但在撰写本阿弥光悦的传记《赈草》时写道:"关于那些为人处世的道理,光悦一生都不知道"。可见,本阿弥光悦让自己的全部身心都终日沉浸在艺术之中了。

光是自身的茶道技艺高超并不够,本阿弥光悦对日本茶道最为突出的贡献在于他是日本"茶碗作坊制度"的创始人。元和元年,也就是 1615 年,德川家康把京都附近一块名为"鹰之峰"的土地赏赐给本阿弥光悦。时年已 58 岁的本阿弥光悦立即做出一个重大决定,带着自己的家人、弟子们离开京都,移居此地。尽管当时的鹰之峰还十分荒凉,还经常有强盗、野兽出没,但本阿弥光悦不曾再移开脚步。他仿佛找到了一座艺术的殿堂,这里的一草一木、朝日晚霞、山崖河流都能给他带来无数的灵感,更是可以把风景画和茶碗制作相结合,烧制出前所未有的茶碗。

这次大规模的"搬家",由于人数众多,且主要从事艺术工作,导致鹰之峰很快形成一个个小小的艺术村庄。在日本,这同样也是史无前例的村庄组成形式。尽管还没有定论,但本阿弥光悦很可能无意间建立了日本历史上的第一个艺术村。

　　本阿弥光悦说，"比起在京都，住在这里更痛快"。这句话震惊了所有人，一传十，十传百，最后，就是这样一个只有家人和弟子的小村落，随本阿弥光悦本人和这句名言的美名一起，渐渐被人所熟知。日本的茶人大多是孤独的，但本阿弥光悦和他身边的茶人却很热闹。随着茶人们的聚集、拜访和交流，本阿弥光悦发现，在不知不觉当中，周围竟有了 55 家制作茶碗的个体工匠。本身也极爱茶碗的他便将这些工匠聚集起来，组成了一个小小的手工作坊，由他本人亲自指导，专门制作茶道用具当中的茶碗。

　　虽说本阿弥光悦的弟子众多，但弟子们制作的茶碗价值都不如本阿弥光悦本人亲手制作的茶碗。本阿弥光悦制作的茶碗中，能够留存至今的茶碗几乎件件都是宝贝：一个国宝、五个国家重要文化遗产。其中最出名的国宝名为"不二山"，即指我们常说的"富士山"。这是他为自己即将出嫁到大阪的女儿烧制的茶碗，下黑上白，仿佛美丽的富士山，堪称日本茶碗技艺的巅峰。更重要的是，本阿弥光悦在烧制之时倾注了自己对女儿全部的爱，那一刻的他不仅是一名艺术家，更是一位父亲。这只茶碗又因他的女儿曾用自己和服的袖子包过，故又名"振袖茶碗"。2017 年 9 月 25 日，京都市的古田织部美术馆宣布，除了以上提到的作品外，本阿弥光悦还有一件茶碗时隔 300 年重现人世，它的名字叫"有明"。

　　能用这样一位茶人所烧制的茶碗喝上一杯茶，大概也就此生无憾了吧！

27. 石田三成：一生因茶而进又因茶而亡的奇人

旅游小贴士

在滋贺县 JR 长滨站前，有一组著名的铜像，再现了石田三成向丰臣秀吉"三献茶"的场景。1907 年，为石田三成著传的东京大学渡边世祐居然到京都大德寺"掘坟"，从墓中取出了石田三成的头盖骨、大腿骨等，在京都大学解剖学专家足立文太郎的协助下进行了骨骼鉴定，在东京科学警察研究所等的协助下制作了头部复原的石膏模型。1980 年，日本画家前田干雄又根据石膏模型绘制了四幅肖像画，分别藏于大阪城天守阁、长滨城历史博物馆、京都大德寺和石田家。骨骼鉴定结果还显示，石田三成身高为 156 厘米。不过当时日本男性的平均身高也才 160 厘米，他也不算是"矬子"了。

在中国，描述不同凡响的人出生，往往都添加些神秘的色彩。比如李白的母亲梦见太白金星入怀，蒲松龄的父亲在妻子临盆时梦见苦行僧入室，等等。其实，日本在这方面也未能免俗。

石田三成是江州石田村佐五右卫门的儿子，他母亲在怀孕后得了重病,濒临死亡,但还是顺利地产下了三成,并且恢复健康。当地有传闻称,石田三成的奇迹诞生,是因为长光寺的观世音菩萨保佑。当年,圣德太子就曾在这里祈求夫人安全生产,佐五右卫门在妻子怀孕期间也参诣过长光寺的观音。

在丰臣秀吉还是近江长滨城主的时候,一次狩鹰后进入一家寺院,向寺院里的僧侣讨茶吃,看见一个后脑勺突出的少年拿着一只盛着微温茶水的大茶碗缓缓走来。因为狩鹰后口中干渴,丰臣秀吉一口气就把茶喝光了。"痛快!再来一杯!"第二杯的茶碗比前一个要小了一些,茶汤也比前一碗的要热一倍。丰臣秀吉仍然一饮而尽,命令再来一杯。第三杯的茶碗是个昂贵的小茶碗,茶水也热得直烫舌头。

为什么要这样做呢?丰臣秀吉十分不解。石田三成如此解释说:第一大碗的温茶是解渴的,所以温度要适当,量也要大些;第二杯中碗的热茶,是因为已经喝了一大碗茶不会太渴了,稍带有品茗之意,所以温度稍热,量也小些;第三杯,则不为解渴,纯粹是为了品茗。所以要奉上小碗的热茶。丰臣秀吉立即被石田三成的体贴入微深深打动,于是把这个后脑勺突出的少年带回了长滨城。

石田三成后来成为丰臣秀吉的得力干将,也是日本最高权力机构"五奉行"的首席元老。这正是:偶因"三献茶",便成人上人。

对这个经典桥段,有人做出了这样的品评:机会隐蔽在细节之中。你做好了细节,未必能碰到平步青云的机会;但假如你不做,就永久也不会有如此机会。有些人渴望巨大、寻求巨大,巨大却了无踪影;有些人甘于平淡,认真地做好每个细节,巨大却不期而至。这就是细节的魅力,是水到渠成的惊喜。

接着说。在中国品茶、举办茶会,每位客人都会有自己的茶具。但是日本的茶道,大家都知道,是要共用一个茶碗轮流喝的。只是在接到手后,转动一下再喝而已。这就有些不符合现代人的卫生习惯了。

日本人分饮一碗茶的做法,很容易让人联想到中国历史上歃血为盟、兄弟结拜等仪式,他们通过共饮一碗茶来实现一味同心、异体同心的交流,从而获得情感上的最大满足。

丰臣秀吉手下,有一位叫大谷吉继的人物,有指挥百万大军之才。但是因为被麻风病感染,皮肤发生异变,使得他的面容极为可怖。在丰臣秀吉主持的一次茶会上,茶碗传到大谷吉继手里时,发生了一个意外。病情仍在发展的大谷吉继不慎将脸上的一滴脓液滴到了茶水中。

当时的日本人对于麻风病是没有任何治疗手段的,在座的诸侯将领们都害怕被传染,面面相觑,窃窃私语起来。在此之前的茶会上,茶碗传到大谷吉继手里后,接过茶碗的人就已经只肯做个喝茶的样子,但这一次,就连茶碗都没有人愿意接了。

大谷吉继,这个铁骨铮铮的汉子,茫然地举着茶碗,竟然如孩童一般无助。这时候,偶因"三献茶"而成为人上人的石田三成说:"大谷吉继,我口中干渴,等这碗茶已经等了很久了。请您快些传过来。"说罢,他直接从大谷吉继手里接过茶碗,一口气喝干了。

日本著名美学家冈仓天心在他的《茶之书》中就曾经说过,"本质上,茶道是一种对'残缺'的崇拜,是在我们都明白不可能完美的生命中,为了成就某种可能的完美所进行的温柔的试探。"石田三成的这种做法,正是面对残缺的温柔。

石田三成结局悲惨。一个受命托孤的人,最后却惨遭同是受命托孤的伙伴杀戮。临刑前,石田三成先被游街一遭。他十分口渴,想喝一口茶。这个时候,估计他早已忘记自己当年"三献茶"的典故。旁边的看押人员说此时没有茶,只有柿饼,如果口渴可以吃一点。石田三成说柿饼生痰,所以不吃。看押人员听了此话便大声笑道:"即将杀头的人还怕生痰,真滑稽。"石田三成的回答是:"对于你们这样的人当然是对的,但考虑大义的人,即使在杀头的一瞬间还要保重生命,因为他无论如何也要设法实现夙愿。"

28. 细川三斋：武将隐居撰写茶道书将茶碗当墓碑

细川三斋的墓地，就在他创建的位于京都府京都市北区紫野的高桐院里。千利休赠送的石灯笼便是墓地的标记。高桐院里还藏有三件日本国宝。一是吴道子所做的杨柳观音像；二是南宋的宫廷画师李唐绘制的两幅山水画；三是丰臣秀吉在北野大茶会上展示过的元朝的花鸟画家钱选（字舜举）所绘的一幅牡丹图。

从 JR 京都站出来，乘坐京都市巴士大约半小时就会到建勋神社前这一站，从这里下车徒步 3 分钟便可见高桐院。

一个人，敢于把自己最心爱的物品毁坏时，就说明他或者心已碎，或者情正绝。千利休获罪于丰臣秀吉后，自知厄运难逃，就开始将自己喜爱的各色茶道具分赠亲友。其中，"利休七哲"之一的细川三斋得到了三样茶道具：一个是名为"阿弥陀堂"的茶釜，一个是"长次郎七种茶碗"之一的"钵开"茶碗，还有一个则是石灯笼。我想说，细川三斋不会因为获得了如此珍贵茶具而让自己变得浅薄和世俗,但在千利休被迫剖腹自杀的时候,他的弟子敢于前往探望的只有细川三斋和古田织部。当一个人如日中天的时候,看望他的人总是趋之若鹜的;当一个人倒霉走背字的时候,看望他的人方能显示自身的风骨。

话说回来,这尊石灯笼曾被千利休品定为天下第一,是他最钟爱的茶道具之一。据说,有一回,丰臣秀吉听说千利休拥有如此名贵的石灯笼,便命令他进献出来。对此,利休无论如何都难以割爱。但是,君命又是无法违抗的。思虑再三,千利休故意将石灯笼背面的三分之一敲掉,然后以"不能将坏损之物进献君主"为由拒绝了丰臣秀吉的要求。

接受了师傅千利休的馈赠后,细川三斋对石灯笼爱护有加,每天都要对石灯笼摩挲爱抚、顶礼膜拜,从未间断过。细川三斋之所以如此,不仅因为石灯笼是名品茶道具的缘故,他还把自己对师傅的敬爱融入师傅的遗物中。据说,细川三斋不仅到远方旅行时要随身携带石灯笼,连进京觐见时都让人抬着石灯笼随侍于轿侧。在途中歇宿时,一定要将石灯笼竖在庭园之中,而且每天都要为石灯笼燃上灯火,无论在什么地方,也不管是风雪晴雨。如果哪一天石灯笼比自己到得稍晚些,细川三斋便会坐立不安地等待。他对这个石灯笼的偏爱似乎已达到登峰造极的程度。

84 岁的细川三斋去世前留下遗言,吩咐用这个石灯笼做他的墓石。他说:"这个石灯笼从正面看是完整无缺的,从背面看是残缺的。它的经历告诉我们'谦受益,满招损'。"如今,这个颇有特色的石灯笼作为细川三斋的墓碑依然屹立在京都大德寺高桐院之中。

关于这个石灯笼,还有另外一种说法,说是背面的破损并非千利休所为,而是细川三斋觉得将师傅最钟爱的道具做墓碑有些不敬,才故意敲去的。

再讲一则细川三斋敬重千利休的故事。一天,以武勇著称的猛将福岛正则十分不解地问细川三斋:"听说你平素十分仰慕千利休。这么一个既无武勇可言,又什么也不懂的人,到底有什么值得仰慕的呢?"细川三斋当即答道:"利休有着高尚而不可思议的威严,你为什么不和他交往呢?"

在细川三斋的影响下,福岛正则开始和从不摸武器、又没有高强武艺、更没有权势的千利休接触。这是人格与人格的碰撞,最后,福岛正则终于被折服了。后来他感慨地说:"细川三斋所说的实在是太有道理了。我面对任何强敌从未紧张、畏缩过,但在千利休面前却莫名其妙地有一种诚惶诚恐的感觉。千利休确实有着高尚而不可思议的威严。"

能够让根本不懂茶的猛将折服,想来不只是千利休在茶道上的修为,更应该是由茶道培养出来的卓尔不凡的人格。当然,心中早已认识并且让人去亲身认识的细川三斋也是不凡的。

需要倒叙一笔的是,细川三斋也不是等闲之辈。他的父亲是小仓藩的藩主细川藤孝。他的妻子是发动本能寺之变、逼死织田信长的明智光秀的三女儿玉子。但是,细川三斋并没有因为是明智光秀的姻亲就站在其那一边,而是在本能寺之变后立即把妻子关押起来,直到两年后得到丰臣秀吉的同情后才放了出来。

精神上饱受创伤的玉子获释后信了基督教。细川三斋得知后大发雷霆,立即让人把玉子周围侍女的鼻子通通割掉。再后来,品尝过幽禁生活的玉子不愿意成为敌手的人质,选择了自杀辞世的道路。战乱的悲剧,常常透过女性的生命结局表现出来。

细川三斋晚年选择了隐居的生活。隐居,或者是看破世间茫茫红尘的一种选择,或者是摆脱三千烦恼的尘世后还有自身的追求。我想,细川三斋属于后者,因为他隐居后写出了日本茶道史上不可忽视的《细川三斋茶书》。

29. 吕宋助左卫门：把"夜壶"当"茶壶"进献的商人

旅游小贴士

在今天的大阪府堺市,也就是吕宋助左卫门的出生地,还树立着这位商人的铜像。堺市的大安寺里有一座助左卫门的墓碑,据说碑下埋葬的就是落叶归根的吕宋助左卫门。吕宋助左卫门在逃往菲律宾时,曾将自己的邸宅和财产委托给大安寺,最终,他自己也归于大安寺。

有人说："发财的路数大抵相同,没能发财的却各有各的缘由。"研读日本茶道史的时候,我怎么都不愿意相信这句话。眼下,我要讲一个发财的故事！主人公是一个名叫"纳屋助左卫门"的商人,当年他不惜冒着生命的危险,渡海到达吕宋经商。吕宋,是今天的菲律宾吗? 对,就是今天的"小菲"。纳屋助左卫门居住在菲律宾,从事瓷器贸易,结果是赢得了暴利,一跃成为菲律宾日侨社会中屈指可数的大富翁。大约在 1593 年或 1594 年间,纳屋助左卫门驾船回到祖国——日本。这时,他可谓衣锦还乡,觉得土里土气的姓氏已经不足以表现自己的豪富身份了。

"纳屋"，翻译成中文就叫"仓库"，说白了，纳屋助左卫门就是以职业为姓，是一个出身于开仓库人家的商人。同样，出身于堺的茶道大师千利休当年曾叫"纳屋与四郎"，另一位著名茶道大师、富商今井宗久小时候也叫"纳屋宗久"。可见他们的父辈都是"纳屋"——开仓库的。堺在日本历史上曾长期是港口城市，那里需要大量的"纳屋"。不过，此刻纳屋助左卫门觉得自己不能再叫"纳屋"了，干脆改名叫"吕宋助左卫门"。敢把一个国家的名字当作自己的大姓，这是何等的气魄！

有钱的人，总想与有权的人来往。托关系，找门子，1594 年 7 月 20 日，吕宋助左卫门终于得以见到丰臣秀吉，他俯首低眉进献的是蜡烛、麝香、50 个吕宋壶、唐伞、香料等珍品。这些，对当时的日本来说，是"洋货"，是奢侈品，丰臣秀吉怎能不欣喜万分！丰臣秀吉悠然自得地享用了吕宋壶，还把其他的吕宋壶分赐给各地大名，同时让他们保护并积极支持吕宋助左卫门的贸易。

据说，当时的茶道大师千利休也从吕宋助左卫门手中购买了不少喜欢的茶具。后来，两人感到越来越脾气相投，就合谋把中国明朝及高丽、菲律宾的日常陶器、茶器当作高级品在日本市场出售，而主要顾客群体则是武士及公家阶层。一时间，"吕宋壶"价格飞涨，最高时与一个大名的领地地价相同。曾有一说，千利休把海外一般陶器当作名贵茶具出售，这也是他死因之一。无论千利休在茶艺上如何精湛，在贪财方面也许有着自己的污点。

官见财喜，财遇官旺。或许，这是任何时代都无法否定的潜规律。得到丰臣秀吉指示的沿海各地大名都对吕宋助左卫门网开一面,助其一臂之力。吕宋助左卫门也积极拓展业务,一时拥有6艘货船,成为在菲律宾经商的400多名日本人之首。发了财的吕宋助左卫门越发飘忽起来,无法把控自己,在堺建立起一座风格迥异十分豪华的欧式别墅,过上十分奢侈的生活。一个商人如此嘚瑟,自然会引起周围一些人的不满。1598年,石田三成向丰臣秀吉进谗言,讲出现实和未来的威胁,丰臣秀吉便以其邸宅超越其身份为由,决定没收他的别墅。吕宋助左卫门事先得知了这个消息,就把自己的邸宅和财产委托给位于堺的大安寺,然后匆匆逃出日本,住在吕宋的一个日本人家里避难,后来竟然成了海盗。

不过,还有另外一种说法,吕宋助左卫门进献的"吕宋壶"都是东南亚地区民宅的夜壶,不知情的丰臣秀吉却把它当作珍贵茶壶使用。后来,丰臣秀吉得知真相后大为光火,准备严厉惩罚吕宋助左卫门,他却脚底抹油——溜了。再后来,吕宋助左卫门和曾吕利新左卫门一起帮助丰臣秀吉的养子丰臣秀次积聚力量,试图釜底抽薪,反抗丰臣秀吉。事情败露以后,丰臣秀次被迫切腹自杀,吕宋助左卫门也被迫把自己在堺港的豪宅捐给寺庙,只身逃到柬埔寨。在那里,他得到了国王的信任,并在当地经商,再次成为富商。

把夜壶当茶壶。看起来像是一场怪诞的历史笑话。但是,我还是相信这一说的。商人,一旦靠近权力中心,往往就觉得有钱能使鬼推磨,不时就会产生一种戏弄权力中心人物的灰暗扭曲心态。

今天,在日本大阪的堺市,在菲律宾首都马尼拉市,都分别竖有吕宋助左卫门的铜像。这,是一个又一个物化的历史传说……

30. 伊达政宗：借办茶会之名实施暗杀的疑点至今犹存

位于日本宫城县宫城郡松岛町的瑞严寺，是被列为国宝级重要文化遗产的古建筑，它由战国时代统治东北地区的大名伊达政宗扩建，园内至今还有一株同时绽放红白两色花蕾的"卧龙梅"，相传是伊达政宗亲手栽种的。

在日语中，形容衣饰华丽、浮夸奢侈的人，有一个专用词汇，叫作"伊达男"。有考据表明，这个词源自战国时代一位大名——爱好茶道、擅长和歌的伊达政宗。在日本，茶，为书房八大雅事之一；和歌，是大和文化之根源。说到此处，看官脑海中或许会出现一个擅长茶道、餐风宿露的化外高人，或者是玉树临风、博学多才的隽秀文人形象。不好意思，可能要让看官失望了，因为这篇文章的主人公伊达政宗是一个少了一只眼睛、身高一米五九的臃肿男人。

伊达政宗虽然其貌不扬，却是一位传奇人物，追溯整个战国时代，他的知名度仅次于织田信长和丰臣秀吉，以他为原型创作的各种文艺作品不胜枚举。

说起来，伊达政宗的一生是"曾经沧海难为水"，充满波折。5 岁时，他生了一场在当时是不治之症的天花。后来虽然保住了性命，却失去了右眼。右眼失明，病灶溃烂，肿胀凸出，恐怖无比。这种遭遇对于一个 5 岁的孩子来说，是难以承受的痛苦。而最应该支持他保护他的母亲义姬，也嫌弃起这个丑儿子，把母爱迁转到了小儿子身上，希望小儿子能够代替伊达政宗来继承家业，担任家督。

幸好，伊达政宗的父亲伊达辉宗没有放弃他。说来有趣，伊达政宗的母亲义姬在受孕时梦到了独眼神僧万海上人，伊达政宗的父亲认为这是一个吉兆，将来生下的孩子一定不同于凡人。伊达政宗失去右眼之后，父亲更加坚信儿子就是独眼神僧转世，不顾义姬的阻拦坚持推长子继承家督。为了让儿子的心理变得强大，伊达辉宗特意请来当世高僧虎哉宗乙做家庭教师。在名师的开导下，伊达政宗果然开阔了胸襟，幼年的伊达政宗竟然在毫无麻醉措施的情况下，让自己的侍臣用佩刀生生地剜掉了丑陋的病眼。

一个人，如果敢于对自己下狠手，那他就可以做出任何出格的、破格的、越格的事情。伊达政宗的父亲被畠山义继绑架，作为筹码来要挟伊达政宗。为了不连累儿子，伊达政宗的父亲要求儿子对自己开炮，面对为自己的成长倾注了全部心血的父亲，伊达政宗居然照做了。炮声隆隆火焰中，父亲和敌人同时灰飞烟灭。这一年，伊达政宗才刚满 18 岁。这要有多么强大的内心才能做到如此的决绝！

　　伊达政宗越来越强大，在打败了自己的姑父芦名氏后，他成为统治东北地区的霸主，拥有 114 万石的领地。此刻，芦名氏已经对丰臣秀吉表示臣服，打狗也要看主人，这个"不听话"的伊达政宗让丰臣秀吉非常不满。卧榻之侧，岂容他人安睡？来，让我看看你小子究竟有几个脑袋！

　　丰臣秀吉的质问意味着凶多吉少，换成别人，不是求饶，就是三十六计走为上。伊达政宗偏偏像个没事人一样，穿上一身只有准备自杀时才会穿的白衣，就大大咧咧地来拜见手握十几倍于自己兵力的丰臣秀吉。这时，就连身经百战的丰臣秀吉也很意外，面对"求死"的伊达政宗，丰臣秀吉并没有处罚他，而是让他去箱根的山中反省。被晾在一边的伊达政宗并没有患得患失，他泰然自若地邀请丰臣秀吉的大茶头千利休一起喝茶。伊达政宗淡然的态度让丰臣秀吉也暗暗生叹，而他对于茶道的了解更为他加了不少印象分。最终，丰臣秀吉只是让伊达政宗交出刚刚打下的土地，并没有做出其他的处罚。

　　为这一次"惊艳"的出场，伊达政宗做足了准备工作。他给丰臣秀吉手下的大将送去匹匹战马和条条黄金，一方面打下感情基础，可以帮自己"吹吹风"，另一方面也掌握了丰臣秀吉的喜好嫌恶。茶，成为伊达政宗四两拨千斤的道具，成为他孤注一掷的筹码。或许他并不是真心喜欢茶道，但是他却比许多谙熟茶道仪轨的人更懂得如何通过茶道使主客之间完成一场情感的交流。

　　为了牵制伊达政宗，丰臣秀吉把蒲生氏乡的封地安排在紧挨着他的会津地区。1591 年，葛西"一向一揆（僧人暴动）"爆发，蒲生氏乡向丰臣秀吉密报,说伊达政宗参与了这场暴乱。命悬一线之际,伊达政宗列举有力的证据,辩解私通叛军的密信并非出于自己之手,又一次依靠他的智慧解决了信任危机。

1595 年,自信心爆棚的丰臣秀吉决定出兵朝鲜。伊达政宗又一次出其不意地成功为自己加分。他先悄悄在京都订制了大量豪华奢侈的装饰品,在丰臣秀吉"阅兵仪式"当天,让士兵们披挂上装饰着兽皮和孔雀羽毛的铠甲,带着一米高的金色帽子,招摇地出现在民众视线中。出师之前,这身行头先爆了一个满堂彩,这个精彩的亮相让丰臣秀吉非常满意。

不久,蒲生氏乡突然暴毙,年仅 40 岁。当时的名医给出的结论是死于中毒,人们对他的死因产生各种猜测。因为蒲生氏乡死前不久曾参加了一次茶会,与他一起参加茶会的还有伊达政宗,联想到他们之间的矛盾,不免让人怀疑是不是伊达政宗在茶席上下毒。是否真是伊达政宗在茶会上下毒,已经无法考证。如果伊达政宗真的趁茶会之机来行暗杀之实,着实有些肮脏,有悖于茶人的身份。与其说伊达政宗擅长茶道,不如说他擅长生存之道。在人生的谷底,没有自暴自弃,命悬一线时,用自己的智慧放手一搏转危为安。

在战国乱世,几经更迭,伊达政宗活到了 70 岁高龄,弥留之际三代将军德川家光亲往探望,死后全江户城为他守丧三天。不得不说,伊达政宗才是笑到最后的人。

安土桃山时代

31. 濑田扫部：因为"连坐"而被埋入"畜生坑"

旅游小贴士

遗憾的是，我尚未能在日本找到与濑田扫部相关的遗迹、遗物。作为"利休七哲"之一，他在日本茶道史上是如此举足轻重，但无论是他的前尘还是后事，都泯然于残酷的历史中。

"利休七哲"，一群在日本茶道史上闪烁着璀璨星光的人。能够名列"七哲"，应该是得名师真传获弟子承继的，应该有生前尊显富贵死后备极哀荣的结果。真的都是这样吗？我来讲讲"利休七哲"之一濑田扫部的故事。

在"利休七哲"里，濑田扫部名列第六。按理说，"六六顺"，处于这个位置，或许是偶然，但应该有着较为顺畅乃至飞扬的人生。不过，和许多名人一样，濑田扫部的出生年月至今也搞不清楚，可以用"不详"两个字来概括。尽阅名人的历史，凡是出生年月"不详"的，大多有着难以言说的成长史。

有一种说法，濑田扫部出身于日本古时近江国的濑田，曾经侍奉过北条氏。其后，斗转星移，历史变迁，他又改为侍奉"战国三

135

杰"之一的丰臣秀吉。至今留下的记载表明，1584 年（天正十二
年），濑田扫部参加了丰臣秀吉举办的盛大茶会，第二年得到了
提拔。

在那个盛大的茶会上，濑田扫部使用的是一个超出一般规模
的"平高丽茶碗"。为什么要使用这种与众不同的特大号茶碗呢？
是为了逞才斗巧？还是为了追求新趣？濑田扫部的解释不是这样
的，他说师傅千利休曾经送给过他一个特大号的茶杓，这自然需要
特大号的茶碗来配。结果，这样的茶碗从此在日本茶道史上留名，
被称为"扫部形"。但是，在丰臣秀吉希望通过举办盛大茶会来突
出自己权力、地位、声势之"大"的时候，任何与他争"大"的表现都
会被他看在眼里记在心头，多少年后丰臣秀吉一定会用"你懂的"
的方式做出回应。遗憾的是当时的濑田扫部不会明白这一点。

濑田扫部从此跟着丰臣秀吉南征北战，1587 年（天正十五
年）参加过"九州征伐"，1590 年（天正十八年）投身于"小田原征
伐"。说起来，在这场小田原之战中，濑田扫部可以说是跟着新主
子打老主子了，用我们中国人的说法，那就是一个地地道道的"叛
徒"！当时，身居"天下第一坚城"——小田原城的后北条氏实力强
大，认为丰臣秀吉从关西地区远隔千山万水疲惫而至，根本就无法
取胜。谁也不会想到，丰臣秀吉纠集了 22 万大军疾驰而至，但并
没有采取一战而克的猛攻，而是打造了一个里三层外三层的包围
网。更令人难以置信的是，这一包围就是 200 多天。

历史上有过无数围而不打的战役。但是，历史上没有这样的
事情：在小田原城包围圈的地域，因为大量武士的突然聚集，竟一

时吸引了不少商人和妓女，军营前后左右出现了许多琳琅满目的商店和莺歌燕舞的妓院。前来参战的各位大名也不示弱，陆续在附近兴建起座座书院和间间茶室，朗朗的读书声回肠荡气，壮人心魄；袅袅的点茶语沁人肺腑，点燃战魂。这其中，有着濑田扫部来来去去的身影。

丰臣秀吉深喜此道，特意从京都把自己的爱妾淀君也接到军营里，各个大名上行下效闻风而动，也把各自的妻室纷纷接了过来。这样，他们彼此之间相互宴请，请吃，请喝，请茶。战争的发动者和参与者无论在表面上如何坚信自己能够获得胜利，内心里都不可避免地隐存着失败的层层阴影，都做好了与明天告别的准备。为此，丰臣秀吉从京都又招来了千利休，嘱其主办盛大的茶会。此刻，在老师千利休面前，作为弟子的濑田扫部只能够打打下手。

小田原之战，丰臣秀吉打败了在日本关东地区强势立足百年的后北条氏，为日本的统一奠定了坚实的基础。这一点，屡屡被历史学家提及并评价。但是，迄今为止，没有人认真谈过茶道、茶人在小田原之战中发挥的重要作用。这一点，不得不说是历史评价的缺憾。

小田原之战5年后，出了大事！1595年（文禄四年），丰臣秀吉处死了原来准备做自己接班人的养子丰臣秀次。丰臣秀次的死因，有各种各样的说法。我这里紧扣主题，并不展开叙述。我想说的是，丰臣秀次原来的养父名叫三好康长，也是一位著名的茶人，对于连歌也有很高的造诣。丰臣秀次当年跟着养父学连歌、学茶道，把这些当作为人的"教养"。有一种说法是，丰臣秀次后来成为千利休的弟子，曾与神屋宗湛、津田宗及、千利休等一起出席茶会，他还因为接受了"利休流"的点茶法而成为"台子七人众"之一。而濑田扫部也是他最亲近的茶人之一。

按照我们的理解，拥有如此茶技茶艺的人，应该是一个知书达理、气质芳华、温文尔雅、学识深湛之人。谁能想到，丰臣秀次是一个暴戾的"嗜血"动物，他最喜欢的事情就是杀人。他在练习武功的时候，直接用活人练，砍死才算罢休；他在练习"弓铁跑术"时，也是要把活人置于死地才算了结；《日本西教史》则记载丰臣秀次在距离自己住所附近一里地的地方设置了一个刑场，周围圈夯起土墙，中间摆放一扇大型案板，他在上面亲自处理死刑犯。他最快乐的事情是把罪犯的四肢一条一条切断，然后再做解剖。他甚至不惜剖开孕妇的腹部将婴儿取出来扔掉。真的，不管丰臣秀次是因为什么被丰臣秀吉逼迫剖腹自杀，仅凭我所叙述的历史事实，他就是一个理应遭到千刀万剐的刽子手。历史冤情的背后总有其必然发生的理由，而我也因此坚信日本茶道背后充满着血雨腥风。

最后要说的是，1595 年（文禄四年），"利休七哲"之一的濑田扫部也受到丰臣秀次事件的"连坐"，最后被处以死刑。说他死无葬身之地或许并不准确，因为他与遭到大肃清的几百人一起被埋到一个后来起名为"畜生冢"的巨坑中。

记住，那是一个日本茶人掌握不了自己命运的时代！

32. 久保权太夫：一个不及传世著作有名的田园茶人

旅游小贴士

久保权太夫所建的七尺之堂——长暗堂，在奈良县奈良市法莲町的兴福院内，从 JR 近铁奈良站乘坐巴士 9 分钟左右，到佐保小学校前下车徒步 3 分钟即可抵达。久保权太夫的墓地，也在兴福院内。

奈良是一座拥有三处世界文化遗产的古都，名胜古迹无数。其中，南都七大寺的药师寺和同宗的兴福寺分别藏有两件和茶道有关的藏品。前者藏有日本茶道古籍《长暗堂记》的复原后原稿，后者则藏有大茶人小堀远州对该书作者的一篇追悼文《悼久保翁记》。

在世界书籍撰写史上，一个人的著作比作者本人还有名的事情，可以说屡见不鲜。但是，这本著作的名声过盛，以至后人因它更改了作者的名字，这种事情还是不多见的。如果今天我要讲的主人公还活着，那我就是费尽千辛万苦也要采访他，询问他对此的感想。他的本名叫久保权太夫(又称久保利世)，他的著作名为《长暗堂记》，只是后世之人都称他为"久保长暗堂"。尽管关于他名字的来由也有一说是他号为"长暗堂"，但从《长暗堂记》被发现的历史和后世熟知他的历程来看，这样的说法显然可以不攻自破。

　　日本茶道古籍中赫赫有名的《长暗堂记》并非出版伊始就享有盛名，它的作者久保权太夫本人也被淹没在历史的潮流之中，久久无人问津。《长暗堂记》重现于世的经历，本身就是一段逸闻。在久保权太夫逝世后的百余年间，他的人和他的书仿佛在世间消失了一般。直到一位名叫"愉愉乐只"的民间爱好者在奈良的古籍书店发现了它。当时被他发现的《长暗堂记》可真是破烂不堪，这本书差点儿就失传了！店家竟然把这本书拆成一页一页的纸，作为茶人相关的资料单独销售。意识到这些古籍碎片价值的"愉愉乐只"心痛不已，倾尽全力收集这本书的碎片。好在功夫不负有心人，他终于复原了整本《长暗堂记》。复原后的《长暗堂记》被当时奈良药师寺的住持桥本凝胤收藏。1956 年(昭和三十一年)，茶道历史学家永岛福太郎整理桥本凝胤的藏书，出版了著名的《茶道古典全集》，其中《长暗堂记》被收录于第三卷中。这套古籍全书的问世本就轰动了当时日本的职业茶人和茶道爱好者们，当他们翻开这本从未见过的古籍时，更是被它记载的内容所震惊。

　　原来，作者久保权太夫曾在日本历史上著名的"北野大茶汤"茶会上实习过，又和著名大茶人小堀远州是至交。因此，他在《长暗堂记》中不仅详细地记载了"北野大茶汤"上的丰臣秀吉和与会者，还写下了许多和小堀远州之间交往的趣事。对于茶道专家们而言,这简直就是不可多得的史料,而对于茶道爱好者们而言,这也是一份无比宝贵的财富。于是,《长暗堂记》这部"当时人的当世史"就流传开来,成为茶道古籍中必读的著作。

与如今大名鼎鼎的《长暗堂记》相比,久保权太夫,或者说,久保长暗堂本人的一生在物质上却极为贫困。他出生在神社,从十一二岁开始便给客人奉茶,自学茶道知识。后来在十四岁那年向千利休门下之人学习缝制茶袋,但他真的不是为了附庸风雅去学习茶道的,而实实在在是因为那一个"穷"字,家里让他去干些能够补贴家用的兼职。当时,家境贫寒的他可能从未想过未来的自己会对茶道抱有如此浓厚的兴趣并走上这条道路。命运的转折还是发生了,在天正十五年,丰臣秀吉于京都的神社北野天满宫举办了历史上著名的"北野大茶汤"茶会。该茶会规模之大前无古人后无来者,不问出身、不问贫富贵贱,参与者号称有上千人。举办规模如此之大的茶会,后勤保障自然也是一件难事。年仅十六岁的久保权太夫也成了有效劳动力之一,奉命在茶会上实习。就是在这场茶会上,他不仅亲眼见到了如雷贯耳的丰臣秀吉本尊,更是见到了日本第一大茶人千利休,结识了一生的挚友小堀远州、金森可重、江月和尚等人。丰臣秀吉与北野大茶汤的政治意义可以放到一边,至少对于当时这位十六岁的实习生久保权太夫而言,这次茶会改变了他的一生。从此,茶道对他而言,从作为补贴家用的手段,变成了毕生追求的灵魂。

他在茶会上看到了什么,或是有谁对他说了什么,这些我们都不得而知。但根据记载,久保权太夫从京都的北野大茶汤回到奈良之后,便仿照茶人们的茶席,在自家改建了一个只有四帖大(约6.6平方米)的小屋,作为自己的茶室。其中一帖用来烧水,一帖用来睡觉,剩下最后两帖是喝茶的地方。尽管这个茶室是如此简陋,但他还是热情地在此招待客人、广开茶会,一点儿也不觉得难为情。他道:"只要我的心意在,就没必要在意这些。"可见,当时的他就已经领悟了"侘寂"的茶道境界。后来,为了进一步追求纯粹的茶道,他拜师于千利休门下的大茶人本住坊,终于成了"科班生"。

垂暮之年,因为仰慕平安时代的歌人鸭长明的风趣,久保权太夫在荒野上建起了一间七尺之堂,完全舍弃了世俗的生活,只带着他的茶和他的魂灵,过起了潇洒自在的隐居生活。他的至交好友、大茶人小堀远州听闻此事后前去拜访,开玩笑道:"鸭长明的'明'是智慧的意思,咱们就用'暗'吧!"久保权太夫听后大笑,便决定把这间简陋的七尺堂命名为"长暗堂",这便是"长暗堂"的由来,《长暗堂记》也得名于此。晚年隐居于长暗堂的久保权太夫每日过着喝茶、散步、赏月的田园生活。等待花开、欣赏花落,与手向山的红叶一同写作,与猿泽池的月色举杯对饮,惬意而自由。最终,也在这样的美景美意中,走完了自己最后的人生旅程。根据他的挚友小堀远州的追悼文《悼久保翁记》推测,久保权太夫在他七十岁那年逝世。这篇追悼文现藏于奈良的寺庙兴福院,计划去奈良旅游的各位看官到时可去一睹风采。

人的一生只有一次,清贫也好,富贵也好,总要活得痛快,过得尽兴。久保权太夫虽生于贫穷的神官之家,死于荒野的自建小屋,却毕生忠实地追求属于自己的茶道,在五彩斑斓的精神世界里尽情遨游。或许也正是因为他物质上的贫瘠让他对茶道有了不同于传统茶人的理解：人生不过三五个好友，一杯茶汤，仅此而已。相信，就算他知道了我们后世之人因为惊叹《长暗堂记》而直接称呼他为"久保长暗堂"也不会有所不满。他只会哈哈一笑，然后带着他的茶，消失在荒野之中。

33. 南坊宗启：茶道圣经《南方录》背后的影子

旅游小贴士

据史料记载，南坊宗启是南宗寺的僧侣，千利休的徒弟。尽管有学者质疑这个历史人物是否真实存在过，但南宗寺却是实实在在的自1557年就存在了。

南宗寺的庭园据说还是利休七哲之一的古田织部设计的，1983年被日本指定为国家名胜。虽然几经战火、空袭，但在南宗寺内还保留着江户时代的禅宗寺院的氛围。据《南宗寺史》记载，德川家康的遗骸曾经被藏于寺内的开山堂下，后改葬于寺内。如今寺内还有一座德川家康的墓。

在中国，即便不是专门研究儒学的人，也能信手拈来几句《论语》中的经典语录。《论语》是孔子的弟子及其再传弟子记录"至圣先师"孔子言行的语录集，是一份由孔子的后代弟子们留给中华民族乃至世界文化的宝贵财富。如果不是因为有了《论语》，在郁郁不得志中憾然离世的孔子怕是难有今天的影响力和地位。说起来，不仅后人要感谢那些怀着虔敬之情将恩师形象流传千古的孔子的弟子们,如果孔老夫子本人泉下有知,也要庆幸自己收了一群"不负师恩"的弟子。

而在日本,也有一部记录"茶圣"千利休言行的书籍流传于世,成为后人研究利休茶道的重要参考,这就是由千利休的弟子南坊宗启编著的《南方录》。《南方录》共七卷,记录了千利休茶道的具体操作方法、心得秘技、茶会活动等,涉及茶会的方方面面,是流传于世的茶道经典中最重要的一部。

在千利休被迫剖腹自尽之后,南坊宗启将无尽的悲痛转化为创作的动力,决心将师父生前的一些逸闻轶事记录下来,告诉后人一个真实、生动、伟大的"茶圣"千利休,而不是被丰臣秀吉赐死的"罪人"千利休。这些故事集合成卷,与之前完成的六卷一起合称为《南坊录》。在千利休三年死忌之日,南坊宗启悄然而至,面对着恩师的灵位,他焚香,他叩首,他念经,他诵文,一任内心积蓄的怀念恣意蔓延。在进行了一番虔诚的祭拜之后,他仙然离去,从此隐逸于尘世喧嚣之外,也遁隐于漫漫历史的星河之中。

一直到1686年,黑田藩家臣立花实山得到了千家的允许,在千利休后人那里抄录下《南坊录》的《觉书》《会》《棚》《书院》《台子》五卷。三年之后,立花实山赶赴大阪,又在南坊宗启的孙子纳屋宗雪家中见到了从未面世的《墨引》和《灭后》两卷。这些珍贵的资料让立花实山欣喜若狂,他对书稿进行了补充整理,改七卷为九卷,又召集亲友誊抄这些书稿,由此,《南坊录》逐渐流传开来。不知道后来在传抄过程中,人们是有意简写了"坊"字,还是笔误,《南坊录》渐渐变成了《南方录》。

也正因此,一直到今天,学者专家对于《南方录》中的许多内容都存在争议,质疑某些内容是后人"PS"的声音不断响起,认为此书是"伪书"的说法也始终存在。但正如日本茶室研究第一人中村昌生所言:"即便它是'伪书',其拥有的价值也是无法否定的。"一句话:但是伪书又何妨!至少,如今在我的书架上就有一批这样的书籍:西山松之助校注《南方录》(岩波文库,1986 年)、水野聪译《南方录——现代日语全译》(能文社,2006 年)、熊仓功夫译·解说《现代日语译 南方录》(中央公论新社,2009 年)、筒井纮一《南方录(觉书·灭后)》》(淡交社,2012 年)、户田胜久《南方陆的走向》(淡交社,2007 年)、久松真一校订《南方录》(淡交社,1975 年),等等。

南坊宗启出生于堺,和千利休是老乡,同样是商人之子的出身,又都皈依于禅宗,他早年曾在禅通寺得度,后来又在南宗寺集云庵做住持,这样的生活背景让他和千利休有了许多共同语言,也让他更易于理解和感知千利休真实的想法。因此,我们有理由相信,南坊宗启是一位非常合格的记录者。

或许,南坊宗启没有"利休七哲"那样高贵的身份地位,也没有古田织部可以继承千利休衣钵的天分,但是这位被大师和同门的光彩遮掩的记录者,为后世留下了许多生动有趣的故事和茶道秘籍。今天引得游客们食指大动的"怀石料理",原本特指茶会中主人为客人提供的小食,这一名称的由来和南坊宗启有莫大的关系。《南方录》中说"在适当时候添炭,然后奉上怀石料理"。记住,在日本茶道史上,这是"怀石"一词首次作为茶事料理出现在书籍记载中。

　　说起来,"怀石"一词得名于佛教清修。僧人们过着戒律森严的生活,恪守过午不食的条规,而他们清淡的饮食如何抵抗冬夜的苦寒呢,于是就有了在怀中抱一块烧热了的石头的办法。僧人怀里的石头,能起到抵抗饥饿的作用。将源自禅林的茶会小食称为"怀石",点明了这种小食只是茶会的一部分,不可喧宾夺主,是身为僧人的南坊宗启才会有的深刻体会。而与他同时代,甚至稍后于他的人仍不解其意地称为"会席(料理)"。

　　《南方录》中有趣的轶事太多太多,没有办法一一讲述。人生如戏台,起起落落,熙熙攘攘,有人盛装出场一时风头无尽,有人默默看戏,戏落声尽后默默记录下一举手一投足的曼妙,谁敢说台上唱戏的角儿能少得了台下人的配合呢!

34. 小堀远州：弃武士而选茶道与建筑的天下茶头

旅游小贴士

小堀远州主持设计的代表性建筑有位于品川的东海寺,有位于滋贺县甲贺市水口町的历史名城水口城,以及加贺藩前田家的家臣后藤觉乘的茶室拥翠亭。拥翠亭现藏于古田织部美术馆。

我个人推荐大家在去京都观光的时候,真的不妨前往古田织部美术馆。一是可以欣赏古田织部的茶器,二是可以欣赏由小堀远州设计的全日本窗户最多的茶室拥翠亭。

日本茶道大师千利休生徒众多,这些徒弟门人中能够担当起继承衣钵大任的要算古田织部,而在古田织部之后,继承"天下茶头"名号的便是小堀远州了。

虽说是继承,小堀远州的茶道却展现了与古田织部的茶道风格迥异的光彩。为什么会有这样一种"背叛"呢?

关原之战之后,德川家康天下既握,丰臣家大势已去,1603 年德川幕府的建立,开启了一个长达 260 年的稳定发展的时代,就在德川家康"开幕"的第二年,26 岁的小堀远州继承了父亲的领地和身份,成了一位合格的"规划建设局局长"和统领松中地区的大名。与二代将军德川秀忠的茶头古田织部比起来,他的继任者——三代将军德川家光的茶头小堀远州没有经历过"战火洗礼",只是开开茶会,建建庭院。也正因此,一提到这位文弱书生般的茶道后辈,同样出身武士阶层的细川三斋(细川忠兴)等人经常用轻蔑的口吻说:"他也能叫武士?"或许,在那些身经百战的武将们看来,小堀远州的被称为"美寂"的茶道风格,过于纤弱柔和,显得平淡少味,既与"茶圣"千利休所展现的那种大开大阖的美学境界相差甚远,也不同于他的前任古田织部的天然稚拙、放诞恣肆。但是,小堀远州为什么可以成为茶道史上不可忽略的里程碑式人物呢,让我们一起看看他的人生。

元和偃武之后,天下清平,物阜民丰,曾经命悬于马上的武士们终于离开了马鞍,结束乱战不休的冒险生涯,过上安稳的日子。茶具,不再是发动战争的借口;茶会,不再是暗藏杀机的交锋;茶头,也不会落得剖腹割耳的下场。如何享受生活、追求更高层次的感官享受成为这一时期武士阶层的"精神追求",小堀远州的茶道不可否认地变得更加形式化。千利休的"侘寂"与小堀远州的"美寂",前者仿佛看尽世间繁华起落后的睿智老者,其心境枯寂淡然,而后者却像顾影自怜的翩翩公子,纤丽清雅孑然孤傲。

小堀远州的父亲善于"站队",从浅井长政到丰臣秀吉再到德川家康,在几方势力的乱战之中,保存实力,独据一方。在这样的家庭背景下,小堀远州早早就接触了茶道这项作为上流社会权力

"风向标"的艺术，他还是不用剃月代头的顽皮小儿时，就已经出入于丰臣秀吉身边，观摩千利休等大师的点茶技巧了。或许，这也是善于站队的父亲的有意安排。

如父亲所愿，进入"和平年代"，小堀远州用灶间恬静的炊烟代替金戈铁马的硝烟，他抖动茶勺"运筹帷幄"，搅动茶筅"指点江山"，在不可能再凭借战功改变尊卑身份的时代，以茶为刀以水为马，为自己赢得社会地位。在外人眼中小堀家的那个"不肖子"，实现了作为武士的父亲不曾到达的艺术高度和社会地位。

小堀远州不仅在艺术上造诣很深，作为行政官员也是很有手段的。结束了一百多年的战乱时代，德川家的将军们深知天下来之不易，创业难，守业更难，如何才能坐稳江山？据说小堀远州想出一个妙计，让各路大名给三代将军德川家光进贡茶道用品，那些价值连城的珍贵茶器足以削弱大名们的财力，让他们失去造反的能力。就这样，不费一兵一卒，在无声无息间，就瓦解了围绕在幕府将军周围的威胁，多少冲锋陷阵的武士们都要自叹不如吧！而另一方面，得益于小堀远州积极地将茶道作为政治道具，当时制茶师的地位也不断上升。那时，宇治有 34 家茶师，均受到幕府的特别保护。地位最高的御物茶师，允许带刀，以剃光头和穿着名为十德的羽织的特殊习俗，来彰显其身份与权力。茶道师地位的提高，从侧面推动了茶道的发展。

小堀远州自十四五岁起就向织部学习茶道，他非常有天分，善于思考，进步神速，18 岁的时候古田织部已经给他"你很快就能成为名人了吧"这样高的评价。除学习茶道以外，小堀远州又跟随冷泉为满和木下长啸子学习和歌;追随藤原定家流学习平假名和明代隶书书法,达到与松花堂昭乘、近卫应山信寻等书法家齐名的高度;而他的文学才华,也在《小堀宗甫公旅日记》中展现得淋漓尽致。

深厚的艺术修养,让小堀远州得以在各种艺术形式之间自由切换、游刃有余。人们习惯将从室町时代开始到千利休为止的这一段时间制作和收集的茶器称为"大名物",而将千利休之后制作和发现的茶器称为"中兴名物"。负责遴选"中兴名物"的人就是小堀远州。远州将自己选出的茶具(名物),结合《古今集》《新古今集》的和歌字句,一一取了意境优美的名字。例如"音羽山肩冲"(茶壶)和"相板圆茶壶",这些极富诗情画意的名字充满王朝时期复古风格,无不展现了小堀远州独特的审美情趣和深厚的文学修养。

今天的人名片上常常可以看到一串头衔,如果为小堀远州加上头衔的话,就有建筑家、造庭师、陶艺家、鉴定师、文艺家、书法家诸多名号,一张名片怕是印不完。小堀远州作为陶艺家创建的"远州七窑"最为著名;作为建筑家、造园家,曾指挥建造过伏见城、二条城、大阪城,以及仙洞御所、南禅寺金地院、小御所这些世人瞩目的建筑。小堀远州在造庭时将"月夜海光丛林中"作为核心思想。一改堆砌叠加的繁复风格,令人有节制、禁欲的感觉,展现了不可思议的风情,有敞亮、明快的王朝风格。或许应该怪小堀远州太多才多艺,关于他还有一个美丽的误会,今天游人如织的桂离宫,一直以来大家都认为是小堀远州担任了设计工作,但现在据考证表明桂离宫是由它的主人——正亲町天皇的孙子八条宫智仁亲王自己设计的。

小堀远州为后世留下不少茶室，其中，孤篷庵的忘筌是最能代表其艺术风格的。忘筌是一座有12叠(约20平方米)的书院式茶室，取大型货船的样式，窗户是仿照船窗建造而成。从庭院可以看到琵琶湖，举行茶会时，推开障子门，就可以一边品茶一边欣赏近江八景，这是可以与清少纳言平"香炉峰"的典故相媲美的雅事，别有一番乐趣。

小堀远州在1647年(正保四年)2月6日于京都伏见的六地藏府邸去世，享年69岁。留下了"昨日复今日，今日又将逝；无为独自叹，梦醒黎明时"的辞世句之后溘然长逝，葬在他自己开建的孤篷庵。

随着小堀远州的去世，一个时代结束了，茶道开始进入片桐石州的时代。

35. 金森宗和：弃武习茶开创出优美的"宫廷茶"

旅游小贴士

金森宗和死后，葬在京都府京都市北区寺町的天宁寺内。乘坐京都市营地铁，到鞍马口站下车徒步 6 分钟，或者乘坐京都市营巴士，到出云路桥下车徒步 5 分钟，就能抵达天宁寺。不过在众多墓碑中寻找"金森宗和公之墓"，可不是件容易事。我可以在这里给大家一点小提示，宗和公之墓和其母亲之墓是并列的。两座墓的设计几乎一模一样，这在日本是极为罕见的。

从武将转为茶人，金森宗和在日本茶道史上绝对不算是第一人。但从武将转为茶人，并开创了柔和优雅的"宫廷茶"风，金森宗和足以在日本茶道史上占据重要位置。

金森宗和不是一个听话的孩子。他老爸金森可重是飞驒（tuó）高山藩主，他是嫡长子。顺理成章地接班，应该不会出现任何问题。可是，偏偏平地起风波。1614 年（庆长十九年），"大坂冬之阵"结束后，31 岁的金森宗和开始"各种不服"，硬是在各种或私人或公开的场合指责起老爸来。武将出身的老爸当然也不是吃素的。

"两条腿的青蛙不好找,两条腿的儿子满院跑",老子不怕! 长子不听话,后面还有三个候补呢,盛怒之下"废嫡"。知父莫如子,金森宗和不可能预料不到指责老爸的后果,但是,他仍然坚持这么做,说明他早已下定决心不做接班人了。果然,甩掉"嫡长子"这个身份包袱后,金森宗和与母亲一起前往京都隐居,在大德寺修禅打坐,落发为僧。

祖父和父亲都喜欢茶道,金森宗和自幼耳濡目染,对茶道也感兴趣。禅寺的生活枯寂平静,身处其中,很自然就会放下内心的烦恼,这种寂静的心境恰好和茶道相契合。

弃武习茶的金森宗和以茶道中的织部流为根本,又在其基础上融合了道安流和远州流的精华,开创了独具一格的"宗和流"派,这种轻柔优雅的茶风被称为"姬宗和"。"宗和流"的茶,可以品尝出日本女性独具的优美和纤细,符合宫廷审美情趣,因此,这种口感柔软的茶在当时备受宫廷和公家的喜爱,日本第 111 代天皇——后西天皇更是称赞宗和的茶为"真正的茶"。

金阁寺的凤林长老在日记中记载,1637 年(宽永十四年)9 月 15 日,宗和与右大臣近卫信寻等人一起来到寺院,这是两人第一次会面,一见如故,凤林长老立即为金森宗和的茶道所折服。在他的介绍下,金森宗和开始频繁地出入日本皇宫。从那之后,金森宗和的名声越来越大。有一次,德川幕府第 3 代将军——德川家光手持记载着藤原实定的和歌的小仓山彩纸,吟诵《千载集》名曲——"向杜鹃啼鸣之处眺望,未见其鸟,只见黎明前的一轮残月"时,意兴大发,突然想要找一位能一起品茶吟歌之人,近日名声大振的金森宗和闪入他的脑海，便命人去寻他前来觐见。金森宗和奉命前来，杂役将他引至中门，说："再往前便不是我能进去的地方了"，便悄然退下。金森宗和在门前静候片刻，中门被缓缓打开，"宗和，到这来"，听得出来，这就是德川家光将军的召唤声。但是，眼前漆黑一片，门内不见半点灯火。金森宗和并不惊慌，他在黑暗中细细思忖茶室的布置，用脚试探着地上的石阶，轻轻踱步到了茶室。突然间，茶室上方的天窗被打开，就如同和歌所描写的那样，一轮残月悬挂在空中，纤弱的月光照射进茶室，洒在地上的彩纸上。金森宗和望向地上的彩纸，瞬间明白了德川家光将军的意图，他嘴角轻轻上扬，也为这意境而陶醉。不远处传来德川家光将军的声音："我仔细观察你进到中门后的举止，果然不负坊间流传之盛名。"

根据山科道安《槐记》中的记载，金森宗和对茶道秉承有始有终的态度。"煮茶一定要完整、完美。从准备茶具开始，到品茶结束收拾好茶具，这其中的每一步都要小心谨慎。没有丝毫懈怠的精神才是茶道之心。"加藤清正曾经提着矛前去试茶，如果金森宗和中间有一点点疏漏，加藤清正的长矛可能就会抵上金森宗和的胸口，不过金森宗和始终没给他这个机会。《槐记》中记载着宗和的一段原话："在茶道中，到哪儿都有利休的影子。但就算是名垂不朽的利休，流传至今也有些许不能再传承的东西。如果硬是按照利休的茶道照单全收，必定会出现一些不合场合的时候。"不唯师，不唯古，依旧是当年那个敢于挑战父亲权威的金森宗和。

金森宗和的茶风纤丽柔和，但他是武士出身，身上自然而然会流露出武士强直不折的性格。有一次，一位茶人带着自己的茶具让金森宗和给他估价。宗和非常生气地说道："茶具的价格由它的传承以及它背后的故事所决定，一开始使用的新茶具是没有价格的，你不要在这里胡闹。"一点儿面子都不给对方留。

人们常说艺术是相通的，在金森宗和身上尤其体现得淋漓尽致。金森宗和还在飞驒高山的时候，曾召集一批擅长木工和漆艺的能工巧匠制作用餐时的什器。宗和四角餐桌、宗和碗等传统物品目前还被完好地保存在飞驒高山。金森宗和本人也制作了不少花瓶和茶勺。日本著名的烧成器物也与宗和有着密切的联系。以华丽优美的花纹为特色的京烧（京都烧制陶瓷器的总称）的创始人——野野村仁清就曾受到金森宗和的指导，奠定了"粟田烧"的工艺基础。金森宗和天生手巧，有一日在宇治的茶师——上林三入的宅邸消磨时间时，随手雕了个木偶，不想这无心插柳的小玩意大受好评，采茶木偶迅速流行开来，至今仍是宇治地区的一款深受欢迎的特产。

茶人寺田无禅新建了一座茶室，邀请金森宗和前来品茶。金森宗和在品茶结束后，顺手将丢弃一旁的木头边角料带回家中。寺田无禅去金森宗和家中品茶时，发现之前毫无用处的边角料已然成了一个花瓶，里面插满了白椿，充满生机与禅意，为茶会增色许多。寺田无禅大为感动，希望金森宗和能将这个花瓶赠予自己，却遭到了拒绝。寺田无禅悻悻而归，当晚却为了那个木头花瓶夜不能寐，第二天又堵着金森宗和的家门，反复诉说自己对这个花瓶的痴迷和执着。最终，金森宗和被他的真心所打动，把花瓶送给了他。喜出望外的寺田无禅带着这个花瓶去见右大臣近卫信寻,他还未开口"显摆"这新得到的宝贝,便听到信寻说道:"能有此鬼斧神工技艺的人,只有宗和了吧。"

据说金森宗和最喜爱的茶室有金阁寺的夕佳亭、大德寺真珠庵的庭玉轩和如今位于东京国立博物馆的六窗庵。金阁寺的夕佳亭是凤林长老曾宴请后水尾上皇的地方,之后也在此招待过许多宾客。夕佳亭的宽阔空间中,设置了一个灶台,构造别致。大德寺真珠庵的庭玉轩则属于只有两张榻榻米大的小型茶室,但身处其中却感觉异常的宽敞。东京国立博物馆的六窗庵原是奈良兴福寺慈眼院中的一座用茅草铺成的小茶室,在明治时期被荒废,后被移至东京国立博物馆。历史上虽没有证据证明这三间茶室是金森宗和建立的,但是根据其时代和风格判断,这三间茶室与宗和应该有着某种密切的关系。

金森宗和的茶室墙上挂着的挂轴,也多是将禅僧的语录用草书写成的和歌。挂轴的内容根据季节、场所和时间进行变更,这件事情是那些半路出家的茶人做不来的,也体现了宗和深厚的文化修养。

金森宗和在 1656 年(明历二年)于 73 岁高龄去世(也有1657 年去世的说法)。其子金森方氏曾以"茶头"的身份侍奉于前田利常,因此"宗和流"的传统也流传至加贺藩。同时,金森一族的领地——飞驒地区,以及方氏的妹妹——菊子嫁去的岸和田(大阪府)也流传着"宗和流"的传统茶道。而曾是宗和弟子的北野松梅院的俊岳也曾传教于名古屋的铁屋正三郎,因此在武者小路家的茶道流行开始之前,"宗和流"都是名古屋茶道的正宗。

36. 之贯：不畏强势在茶会上另辟蹊径

坦白地说，虽然我真的没有去探寻过，但是，我知道《三国名胜图绘》里记载，在鹿儿岛郡西田村里，有一座名为"之恒石"的墓地，里面安葬的是日本茶道史上"传说中的茶人"——之贯。

中国的孔夫子曾经这样告诫后辈，"工欲善其事，必先利其器"。其实，老百姓也知道"巧妇难为无米之炊"的道理。在日本，如果一个人精于茶道却连煮茶的锅都没有，这大概无异于武士厮杀没佩刀，骑士决斗不带枪，这不是找死么?! 这样的人还能称为茶人吗？

还真能！在与千利休同时代生活的人中，有一位名叫"之贯"的茶人，他生活清苦，连煮水所用的茶釜也没有，想喝茶的时候也只好用做饭的锅来代替。这样一位茶人，却得到战国枭雄丰臣秀吉和"茶圣"千利休的青眼相加。他，究竟有什么过人之处呢？

1587 年，可谓丰臣秀吉志得意满的年头。顽固的"化外之地"九州已经被自己搞定，资历老、兵马壮的德川家康也向自己低下了那长期不肯低下的头,美轮美奂的新寓所"聚乐第"已经如期竣工。看来,是举行一场声势浩大、前所未有的大茶会展示一下自己实力的时候了。很快,在千利休的协助下,一场吸引了1 500名茶人参与的盛大茶会在京都北部的北野天满宫举行。

来自日本列岛各地的茶人抱着各种各样的念头参加这场茶会,或简略或繁复的一间间茶室散落在北野天满宫旁的绿色树林里。丰臣秀吉也用那辉煌耀目的黄金茶室向全天下宣布,当年那个尾张的小混混木下藤吉郎,如今已成为掌控天下的太阁大人。随后,他又向人们炫耀了三位当世大茶师——千利休、今井宗久和津田宗及。无非是想说:看看,你们崇拜的"爱豆",今天不过是为我一人所驱使的茶头!

那天午后,丰臣秀吉在随从的赞叹声和民众的惊呼声中移步北野天满宫旁的树林中,开始巡视大茶会。当他走到之贯的茶席时,突然觉得眼前一亮:这位之贯居然连一帖草席都没有准备,只是带着他那口煮饭的旧锅,泰然自若地坐在草地上。在之贯的头顶上方,是一把直径近3米的红色大伞。红色,是丰臣秀吉非常喜欢的颜色,他曾经命令千利休为他烧造红色的乐烧。之贯的红色大伞成功地投了丰臣秀吉所好,丰臣秀吉一拍大腿就从此免除了之贯所有的赋税杂役。

千利休成名之后,来往者甚众。然而,这些人在茶道上的造诣,能得到千利休认可的却不多。千利休偏偏非常看重之贯,关于两人的交往,江户时代后期的柳泽淇园在《云萍杂志》中有这样一段叙述:据说,千利休受之贯的邀请前往他隐居的陋室参加茶会。

千利休轻推柴门，踏上露地，就在他思忖着期待着之贯会用怎样的茶席招待他的时候，突然毫无防备地一脚踩空，坠入一个陷阱中。千利休灰头土脸地从深坑中爬出来，自然明白这恶作剧的创意来自茶会的主人之贯。

被"坑"了的千利休，并未发作，他被引入一间浴室，顺从地脱去满是尘土的衣服。当他把身体浸在浴盆中，舒舒服服地泡澡时，他一下子明白了主人的良苦用心。

沐浴更衣之后，千利休才被引入茶室。他接过之贯递给他的茶——太舒服了！这一口茶是那么好喝，让人感到心旷神怡！千利休觉得，他平生第一次喝到如此曼妙的滋味！这碗茶的美妙滋味，正是之贯希望带给千利休的感觉。在毫无防备的情况下，突然坠落，坠落的那一瞬间，身体失重，反而让千利休借此机会感知最真实的自己，顿悟的法门就在这一瞬间打开。而之后的沐浴更衣饮茶，又让千利休从慌张、糟糕、窘迫的状态突然回到了舒适、惬意、放松的状态，这两种极端体验，仿佛从地狱步入天堂。事后，有人评价之贯才是真正懂茶的人，千利休则太过接近权力中心而不够纯粹。其实，这是一种误解，从千利休被"坑"之后不怒反喜的反应就能看出，他又怎么会真的不知道茶道的真意呢！

今天日本男人几乎人人有双木屐，据说最初就是由之贯设计出来的。茶室外的露地布满了青苔，之贯注意到千利休经常需要进出取水，草鞋很容易滑倒，就在当时草鞋的基础上增加了一些防滑设计，做成了安土桃山时代的"户外鞋"送给千利休。这种被称为"雪驮"的鞋子不久就在茶人之间流行开来，后来渐渐普及到普

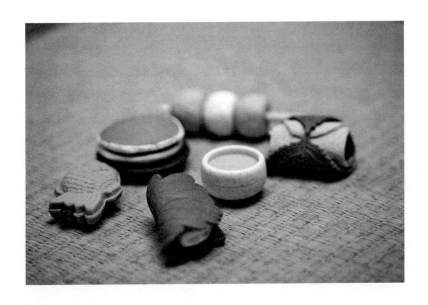

通日本男性的脚下。

　　之贯可以不畏强势在太阁丰臣秀吉的北野大茶会上另辟蹊径,惊艳一时,也可以用毫无防备的陷阱带给屹立茶道最高峰的千利休"一时地狱、一时天堂"的禅机,他彻底地诠释了千利休提倡的"茶道只需一口锅"的"侘寂"观点。之贯像流星一般,毫无征兆地出现在历史的天空中,倏然划下闪亮的一抹炫丽光芒,紧接着又沉入寂寂黑暗之中。所幸,这一切,都被《北野大茶汤之图》记载下来,至今仍保存在北野天满宫内。400年后,人们说起他,依然记得那一团灿灿然的绯红。

　　之贯生于何处、死于何时,历史都没有记载。后人只能通过一些片段拼接出一个个性鲜明却又轮廓模糊的人物形象。在留下了几次不可思议的传说之后,之贯就这样消失了。值得注意的是,仅仅在北野大茶会成功举办后的三年零五个月,该茶会的"总导演"千利休就被丰臣秀吉勒令剖腹自尽。之贯之所以会选择淡出历史的舞台,恐怕与他看到千利休在接近权力顶峰之时却被迫自尽而对权力产生了恐惧有很大关系。

之贯犹如神龙不见首尾的扫地僧一般,留下"不要崇拜哥,哥只是一个传说"的模糊背影,闪趷入历史的暗夜中。在远离权力争斗的九州鹿儿岛,"之恒石"所代表的墓冢,标记着之贯最后的足迹。或许,在人们为了之贯的性格行事争论不休的时候,他正躲在隐居的茶室中,喝着用煮饭的旧锅煮出的水做的茶,在心里偷笑"世人笑我太疯癫,我笑世人看不穿"呢!

江户时代

37. 片桐石州：制定茶道轨范做德川将军的茶道老师

在今天的奈良县大和郡山市小泉町，有一座拥有美丽庭园的寺院——慈光院，这就是茶道大师片桐石州为其父所建立的菩提寺，山门外左侧一座镌刻"茶道石州流发祥之寺"的石碑清楚地提醒着往来的游人慈光院独特的历史地位。

缓步走进院中，可以看到"书院式茶室"和"数寄屋茶室"，前者是德川幕府将军茶道的代表，后者是"侘寂"的体现，只有两叠或三叠大小，由此可以一窥片桐石州所钟爱的茶道精神。两种截然不同的茶道风格，集合在一座菩提院之中，这与片桐石州的出身背景和个人经历有很大关系。

要说起片桐石州，就不得不先说说他的亲叔叔片桐且元。著名的"贱岳七本枪"之一的片桐且元，出身不凡，又战功赫赫，深受丰臣秀吉的信任，担任过丰臣秀赖的老师，在丰臣秀吉死后，同许多旧家臣一样，被牵连进德川家康和丰臣秀赖的拉锯战中。在德川家康的故意安排下,片桐且元受到了丰臣秀赖的生母淀君的怀疑,淀君认为他已经暗地里投靠了德川家康,甚至想把他灭口。在千钧一发之际,片桐且元靠着自己的谨慎和老练逃出了大阪城。

虽有报主之心,无奈受尽猜忌,小命都难保,无路可走的片桐且元只好到关东投奔德川家康。未几,大阪城破,淀君和丰臣秀赖自尽而亡,德川家康大获全胜。一般人或许会暗自庆幸自己关键时刻站对了队,又或许想到自己所受的委屈长叹一口气。然而,就在德川一方为了胜利而疯狂的时候,片桐且元却在丰臣秀赖"三七"祭这一天,悄悄自杀了。

关于片桐且元的死,众说纷纭。有人说他以死殉主,有人说他是为自己的出逃而自责。片桐石州的父亲片桐贞隆当时跟随哥哥片桐且元一起逃出大阪城,战争的残酷多变和诡诈无情,他看得清清楚楚。而兄长的死,更让他对身份的定义多了一层思考。片桐贞隆受封大和国小泉藩,过起安分守己的生活,十多年后寿终正寝。临死前,片桐贞隆把家业都传给了自己的长子片桐石州。

片桐石州打小就跟随同为武士身份的桑山宗仙学习茶道,据说,他在很小的时候就展露了茶道方面的天分。桑山宗仙的茶道来源于千利休的长子千道安,而这个千道安就是那个爹不疼娘不爱、在千宗旦的后人笔下不足一提的嫡长子,然而谁也无法否认他的茶道来自千利休的嫡传。所以说,片桐石州的茶道是"有本而来",他也算是千利休的再传弟子。成年后的片桐石州和德川家康的外孙松平忠明、三代将军德川家光的茶道老师小堀远州交往甚密,《大日本史》的编纂者"水户黄门"德川光圀、三代将军德川家光唯一的兄弟科保政之等人也都来跟随他学习茶道。

片桐石州的名气越来越大，传到了江户城，四代将军德川家纲力邀他进宫表演茶道。片桐石州果然不负盛名，娴熟而地道的茶道技艺艳惊四座，一下子就征服了在场的将军大名。作为对片桐石州茶道的认可，片桐石州得到特许，负责鉴定德川家收藏的茶器名品——"柳营御物"。能够亲手触碰、把玩这些充满传奇色彩的世之瑰宝，对于茶人来说是无比的幸运和无上的荣光。片桐石州也制定了《石州三百条》作为"茶道轨范"，献给德川家纲作为回报。

江户幕府建立之初，德川家族采取了一系列手段巩固自己的统治。1615 年，幕府颁布《武家诸法度》规范各大名的言行举止，这些藩主稍有错漏就可能受到剥夺封地的惩罚。到四代将军德川家纲去世时，已经有大约两百名大名被剥夺或部分剥夺领地。片桐石州针对大名华族而提出的《石州三百条》提倡茶道应该"各与身份相应"，恰好是幕府各礼法制度在茶道上的延续和呼应。德川家纲自然"龙心大悦"，任命片桐石州为自己的茶道老师。上之所好，下必甚焉，从将军到大名，再到武士，石州茶道就这样自上而下地流传开来，风头一时无两，当世的其他茶人望尘莫及。与千利休的孙子千宗旦面向町人的茶道不同，远州流和石州流都是面向武士的茶道，至此，千利休的茶道分化为走上层路线和发展草根阶层的两种截然相反的方向。

片桐石州成为德川将军的茶道老师后，跟随他学习茶道的人更多了。片桐石州一视同仁，没有因为亲疏远近或地位高低而有所保留。片桐石州将自己毕生所研修的茶道体会悉数传授，并不局限于家元制度。在江户时代的中后期,片桐家的后人籍籍无名,反倒是片桐石州弟子和再传弟子创立的不昧流、镇信流等大放异彩。一直到第十五代片桐贞泰的新石州流的出现,片桐家久违的名号才再次出现在世人面前。人们在感慨石州流兴衰的同时,不由得钦佩片桐石州的襟怀。

片桐石州担任四代将军德川家纲的茶道老师,与华族大名来往密切,为招待"贵人"而制定了专门的茶道事典——《石州三百条》。另一方面,他又醉心于对"侘寂"的追求,留下《侘之文》和《一叠半的秘事》传扬至今。一叠半的茶室里,只要挂轴、茶枣和茶碗,才是千利休茶道精神的体现。作为服务于德川将军的"御用茶师",私下里却偏爱"数寄"茶,这或许就是片桐石州的处世哲学,然而更是对千利休茶道精神的继承,千利休能够将"侘寂"的精神发扬光大,不正是得益于他深受织田信长和丰臣秀吉喜爱的茶道老师身份吗?! 盛在茶道名器中的茶更引人瞩目,却不会因为容器的不同而改变味道,不是吗?

38. 吉野太夫：看江户名妓风雅的爱情道与茶道

旅游小贴士

　　吉野太夫的墓，就在她曾经皈依日乾上人的京都常照寺内，日本人为了缅怀她对日本茶道发展的贡献以及传奇的一生，每年4月22日，会在这里举办太夫茶会，直至今天。常照寺位于京都北区鹰峰北鹰峰町，乘坐市内巴士到源光庵前下车徒步2分钟即到。

　　吉野太夫，秉风情，恃月貌，文学修养甚高，是江户时代京都名妓之一。她原名松本德子，出身于武士阶级，只可惜命运多舛，父母双亡，小小年纪便被京都岛原花街的一家妓院收养，并逐步成长为一名高级妓女。

　　京都岛原花街是在1589年(天正十七年)建立的，原来位于今天的京都府上京区二条柳町一带，后来由于建设了二条城，就搬迁至下京区六条室町，后来又在1640年(宽永十七年)搬迁至当时名为"朱雀野"的下京区扬屋町。

　　京都岛原花街直到日本实施《防止卖春法》之前，都是全国闻名的红灯区,更是幕末新选组活跃过的舞台,也是江户初期上流社会的社交场所。出身不够高贵的客人,是不能随意出入京都岛原的。

为此,作为京都岛原的妓女,多才多艺是必须的,要同时掌握诗歌、管弦、连歌、茶道、香道、蹴鞠、厨艺、围棋和骰子等各项技巧。

京都岛原的妓女们在茶道上尤其擅长,小说家井原西鹤在《好色一代男》里还专门对此进行了细致入微的描述。一位名叫高桥的太夫①在接待客人时,故意不在茶室里放鲜花,因为自己就是那最为夺目的花朵。一位叫大桥的太夫在接待客人时,会表演初炭礼法,在香炉上放一小团薰香。然而有一次,准备好的薰香被客人藏了起来,就是要看她出丑。而她愣了一下之后,从容地从屋檐下薅下一小块木片,当作薰香放在香炉上。客人就问她:"你这香叫什么名字啊?"她回答:"屋檐下的月亮。"显得风雅又风趣。

其实,在妓女们的生活中是离不开茶道的。比如日本把艺伎喝花酒的地方叫作"茶屋",从前妓女们在没有客人的时候,是靠磨茶来打发时间,所以闲着无事就被叫作"磨茶"。遗憾的是,自江户中期以后,日本的花街就变成了真正的妓院、青楼,就很难再培养出高级妓女了。

吉野太夫与富商灰屋绍益之间的爱情故事,也非常令人向往,介绍两人相识的是鹰之峰常照寺的日乾上人。根据《近世畸人传》记载,有一天,一位贫苦的僧人来到妓院大门前,点名要见吉野太

---

① 太夫:日本游廊最高等级的艺伎。

夫。下面的人见他衣衫破旧、面相清寒,便要将其赶走,在楼上听到动静的吉野太夫走了出来,与这位僧人见面。

僧人仔细端量了吉野太夫许久,赞了一句:"果然和传言中一样美丽",并且从怀里掏出一百文钱,作为"观赏费"给了吉野太夫。吉野太夫笑了笑,没有收下,只是吩咐下人尾随僧人而去,经打听原来这位僧人就是日乾上人。后来,吉野太夫便皈依了日乾上人,开始经常出入鹰之峰的常照寺,并因此结识了日乾上人的朋友灰屋绍益。

在吉野太夫的客人里,有一位身份高贵的关白大人近卫信寻。近卫信寻是日本第 107 代天皇——后阳成天皇的皇子、近卫信尹的养子。他也爱慕吉野太夫,但最终情场失意,败给了灰屋绍益。

由于吉野太夫比灰屋绍益大 4 岁,并且还是妓女身份,因此两人的结合遭到了灰屋绍益养父的强烈反对。养父将灰屋绍益逐出家门,断绝了父子关系,并且禁止他与同族亲属联系。

为了避人耳目,吉野太夫与灰屋绍益找了一处林间草屋居住,每日吟诗作对,热衷茶道,不仅没有变成贫贱夫妻,反而过得犹如神仙眷属一般。

后来,亲戚里有几个上了年纪的女人,偷偷地来看望他们,其实更多的是对吉野太夫这样一个妓女的婚后生活感到好奇。出现在她们面前的,是一个荆钗布裙、朴素恬淡的女性,和想象中的高级妓女完全不同。吉野太夫从容地跟她们一一打招呼,又以茶道招待,举手投足都高雅自如。几位上了年纪的女性不由得从鄙夷转为赞许,"我们这些女人看了都喜欢,更别说绍益了。"于是,她们开始到各个亲戚家里游说，把所见如实叙述了一遍，终于让灰屋绍益的养父接受了这个儿媳妇，也和儿子恢复了关系。

在橘南谿所著的《北窗琐谈》里，对于灰屋绍益的养父是如何接受一位高级妓女做儿媳的，还有另外一番描述。某天，灰屋绍益的养父灰屋绍由去参拜北野天神，天空突然下起了骤雨，只好在一户民宅的屋檐下避雨。一个婢女出来说："我家主人请您品茶。"于是跟了进去，受到了美丽女主人的款待。女主人以非常高雅的手法为他点茶，谈吐也颇有内涵，令他深为陶醉。回到家后，久久也不能忘记这场奇遇，便找管家倾诉，结果管家说："您遇到的那个人，就是吉野太夫啊！"一声叹息后，灰屋绍由决定接受这个儿媳妇。

其实，《近世畸人传》的描述也好，《北窗琐谈》的记录也好，都只是为了强调吉野太夫并非民间传闻的寻常女子。

灰屋绍益也是日本著名的茶人，他在《赈草》中写道："茶道虽然不是圣贤之道，却是通往圣贤之道，并且与佛道、神道也有共通之处，无论是做客人还是主人，都一定要先沐浴更衣，以忘我的精神来服务他人，这才是茶道的真谛。"

或许是出于嫉妒。另外一位关白大人鹰司房辅给灰屋绍益下了一份挑战书，让他做出一个内侧糊纸、纸上撒金砂的葫芦。尽管灰屋绍益接受了挑战，却思考了数日都束手无策。这天晚上，他在茶室里静思制作的方法，家里来了一个蒙面盗贼。灰屋绍益努力让自己镇定下来，"这位不速之客，我请您喝杯茶吧"。盗贼也意外地冷静，开始欣赏起灰屋绍益的茶道，并一边品茶一边问："我看你脸色不好,想必是有心事。"于是,灰屋绍益便将自己接下挑战的前后说给盗贼听。没曾想,盗贼并不以为意,"这有何难,作为今晚的答谢,我来教你一个法子。"

灰屋绍益按照盗贼教的方法,先将美浓纸放进水里煮成浓稠的液体,再从葫芦口里灌进去,这样葫芦的内侧就糊了纸,然后又拿出一根穿了细孔的竹子慢慢地放入葫芦里,一边转动一边往细孔里倒金砂……内侧糊纸、纸上撒金砂的葫芦,就这样做好了。

灰屋绍益拿着这个葫芦给关白大人"验货",并且将盗贼一事和盘托出,就连关白大人听完都表示佩服,并且给这个葫芦命名"白浪",也就是盗贼的意思。

吉野太夫最喜欢的茶室,如今就在京都高台寺里,名为"遗芳庵"。这个茶室是从原本位于京都上京区新町通上立卖的灰屋绍益的家宅中搬迁、复原的。屋檐上有灰屋绍益最喜欢的鬼瓦,因此也被叫作"鬼瓦之席"。茶室里还有一扇最著名的"吉野窗"。

吉野太夫的寝具,选用的是中国南部城市的丝绸。该丝绸也因此得名"吉野广东",如今京都人都喜欢用这种丝绸做茶袋。

1643年(宽永二十年)8月25日,吉野太夫去世,死因不明,时年38岁,当真是自古美人如名将,不许人间见白头。

39. 卖茶翁：病僧竟成为"煎茶道中兴之祖"

　　多少年过去了，中国大唐诗人白居易《新乐府诗》中那位"满面尘灰烟火色，两鬓苍苍十指黑"的"卖炭翁"形象，一直在我的脑海里鲜活地存在着。如今，在我脑海中占据着一席位置的还有一翁，那就是日本江户时代放浪乖张的"卖茶翁"。

　　日本的这位"卖茶翁"似乎不像中国的"卖炭翁"那样出身艰涩。他于1675年出生在九州地区的佐贺。他父亲是医生，不知道为什么他没有继承父业，反而在11岁时皈依佛门，在龙津寺师从化霖道龙和尚，僧名月海元昭。14岁的时候，他随师父化霖禅师出了一趟远门，专门到位于长崎的"唐三寺"——福兴寺、福济寺、

174

崇福寺,拜访了中国大清的僧人,还第一次喝到武夷茶。

一次遥远的旅程,有时会成为改变人生的契机。他15岁那一年,再次启程跋涉千里,到位于京都的万福寺参加黄檗禅文化活动。从此,他与禅,禅与他,结下不解之缘。

22岁那年,他患了一场大病。疾病总是让人重新感悟人生。病愈后,他只身云游,遍访寺院,诗文渐通,给自己起了个名字叫"高游外"。渐渐地,渐渐地,他心中开始仰慕中国大唐时代煎茶三昧的风流生活。

57岁那年,他的师傅化霖禅师去世。大凡弟子与师傅分手之际,都会对自己未来的生活方式和路径有一番重新审视。他又一次启程,带着一套茶具从佐贺前往京都。到京都之后,他在岚山、鸭川、相国寺一带建起"通仙亭",煎茶而卖。他在茶亭前的竹筒上写道:"饮茶之钱随君意,只饮不付也可以,只是世上没此事";他在茶旗上则写道:"百两不嫌多,半文不嫌少,白喝也可以,只是不倒找。"同时,他自叹自赞:"老来安分,为卖茶翁。乞钱博饭,乐在其中。煮通天涧,鬻渡月花。""卖茶翁"一名风靡起来。他也因此被誉为日本"煎茶道中兴之祖"。

据说,卖茶翁的目的是想通过卖茶修行。我曾看过日本国立国会图书馆收藏的《卖茶翁偈语》,其中有《卖茶口占十二首》。我当时还抄录了两首。其一为:"将谓传宗振祖风,却堪作个卖茶翁。都来荣辱亦何管,收拾茶钱赈我穷。"其二为:"茶亭新启鸭河滨,坐客悠然亡主宾,一杯顿醒长夜睡,觉来知是旧时人。"俊逸出尘,坦荡率真,可谓以出世的姿态入世。

74 岁的时候，卖茶翁写下他唯一的传世之书《梅山种茶谱略》。在这本书里，他描述了茶传入日本的简史，介绍了中国的神农、陆羽、卢仝等茶祖的事迹，从种茶、制茶、赏茶一直说到茶的思想，他说道："智水满于内，德泽溢于外之余，始及于风雅茶事。"他更赋诗一首，传递自己对茶的感悟："酒偏养气功如勇，茶只清心德似仁。纵使勇功施四海，争如仁德保黎民。"

我在日本京都国立博物馆，看见过富冈铁斋（1836—1924年）所绘的《卖茶翁图》，这是京都国立博物馆的馆藏品之一。画面上那个黑面白须的和尚，挑担卖茶，没有身外之累，煞是自得其乐，正如其诗："白云为盖设茶筵，千岁风光异玉川。我有通天那一路，何须六碗达神仙。"

到了晚年，卖茶翁门前宾客盈门，功利之徒拼命收集他的各种用具。81 岁那年的 9 月 4 日，他选择了四件紫砂茶具送给好友，然后将剩下的所有茶具，一把火化为灰烬，重归自然。89 岁，卖茶翁坐化仙然而去。但他那首《仙窠烧却语》却留在了日本茶道历史上："从来孤贫无锥地，汝佐辅吾曾有年。或伴春山秋水，或鬻松下竹阴。以故饭钱不缺，保得八十余岁。今已老迈无用汝，北斗藏身终天年。其后或辱世俗手，于汝恐有留遗恨。是以赏汝火三昧，直下火焰转身去。劫火洞然毫未尽，青山依旧白云中。"

卖茶翁集嬉笑怒骂于一身的至情至性的生活，对当时的社会产生了很大的影响，书画家为茶摊街景挥毫作画，文人从茶诗偈语的字里行间捕捉灵感。有些与他交情深厚的人，因羡慕而纷纷仿效改名为"卖药""卖花""卖酒""卖炭翁"等。

40. 松平不昧：因为"黑"历史而转投茶道的家康后人

去这里真的不是很方便。乘坐山阴本线电车在松江车站下车，然后换乘巴士，大约 20 分钟后在名为"菅田庵入口"的车站下车，然后沿着具有标识的小路前行 15 分钟，你就可以看到本文主人公——松平不昧留下来的一座小小的茶室。那种小，应该是你在日本茶室中没有见过的；因为其小而难见，你或许觉得失望，或许觉得颇有收获。

松平治乡，法号不昧，出云松江藩第七代藩主，曾经是一位重振藩地的明主。但是，他最终被历史记住的身份是茶人和收藏家。这其中的转变，有许多不得不说的原因。

对江户时代历史有所了解的看官，看到松平这个姓氏，马上就会明白这是来源于德川家康的嫡亲后代，是集万千荣宠于一身的将军亲族。其实，松平不昧所在的这一支血脉并不属于与幕府将军关系亲密的"御三家"或者"御三卿"，甚至连"御连枝"的松平家

177

也是松平不昧"高攀不起"的。当然，这一切还要从松平不昧的六世祖、德川家康的二儿子——结城秀康说起。

结城秀康是德川家康正室濑名姬(筑山殿)的使唤丫头阿万所生。自己的丫头被自己的老公睡了，无论心胸多么大度的女人内心都会心存不悦。何况，濑名姬(筑山殿)还不是心胸大度的女人呢。她发现阿万的肚子高高隆起以后，毫不留情地把她全身衣服扒光，一丝不挂地扔到了杂草丛生的野地里。不幸中的万幸，阿万被一个家臣救了下来。

阿万怀孕时遭到如此险恶的待遇，自然无法给孩子如初升太阳般的胎教。生出来的孩子也受此影响，容貌可用"奇丑无比"四个字来形容，让德川家康简直怀疑这是不是隔壁张大叔的孩子，不喜欢那是肯定的。后来，一直苦于无嗣的丰臣秀吉向德川家康要一个儿子，德川家康毫不犹豫地像处理家中"粗大垃圾"那样把这个"丑儿子"送给了他。

在丰臣秀吉身边长大的结成秀康和丰臣家人自然感情不错，德川家康的东军攻打大阪城的丰臣秀赖时，结城秀康不仅按兵不动，让人看不到德川家血缘的优势，还把一个积极参战的家臣处死了。这算是把老爸得罪了。因为这些过往，德川家康和德川秀忠对结城秀康始终"爱"不起来。

松平不昧就是出生在这样一个"姥姥不疼、舅舅不爱"的尴尬家族中，17岁的时候，他的父亲、出云松江藩第6代藩主松平宗衍宣布隐居，他接过父亲的封地和身份，同时也接下了一个烂摊子。此时的松江藩，就像一个四处漏风的巨大房屋，财政出现了严重的问题,坊间的流言就是"我们马上就要破产了吧"。

在幕府将军的"冷眼"和"怀疑"中,松平不昧励精图治,积极推行各种严苛的改革措施,置换土地,发展贸易,增加赋税,硬是把从父亲手中接过的一副烂摊子变成了一个聚宝盆。松平不昧继承家督的时候,账本上仅剩下 600 多两白银的储备,在他的治理之下,7 年之后,净存 44 000 多两白银的储备。而此时的幕府传到了第十代将军德川家治手中,此人无心治国,沉迷于将棋、围棋和绘画中不能自拔,导致大权旁落。

或许因为过于年轻,松平不昧性格略显极端,身边的人这样评价他:"为善则多善,为恶则多恶"。为了改变这种状况,家臣把小堀远州茶道的一位继承人正井道有推荐给松平不昧,希望这位性格冲动的年轻藩主能够通过跟随正井道有学习茶道,收敛锋芒,怡情悦性。因为松平不昧家族的"黑"历史,他无法在政治上大展拳脚,他在茶道中找到了自己的乐趣。松平不昧后来又拜伊佐幸琢为师,跟随他学习石州流的茶道文化。

德川幕府时代大力推行儒学教育,"士农工商"各司其职,各安其分,显然,重视精神而忽略形式的"侘茶",不符合松平不昧的身份,"财大气粗"的他很快就陷入追求"名物"的怪圈中。内藤正中、岛田成矩合著的《松平不昧》(松江今井书店,1966 年)记载,最初花费 500 两白银购买了一只伯庵茶碗之后,松平不昧就算是购买了收藏茶器大门的门票,对茶器名物的兴趣从此一发不可收,并且夸下海口,要把全日本的珍宝名物一个不落地全部收集到自己手中。松平不昧曾经花费 1 500 两白银购得曾经被丰臣秀吉把玩在手的"油屋肩冲";为了得到足利义政"东山名物"中的一件"唐物"——"残月",更是不惜付出白银2 000两的代价;如今安静地躺在东京国立博物馆的名作《寒山拾得图》也曾是松平不昧的囊中物。除此以外,白银300两到2 000两的茶器,他还不知道买了多少。就是因为疯狂购买这些"名物",松江藩内再次出现财政紧张的局面,但松平不昧并不收手。

1917年松平家编辑部编纂的《松平不昧传》中还有另外一种说法,那就是松江藩重新富裕起来以后,松平不昧担心幕府将军见富眼红,不知道会找个什么理由把他干掉,于是便大把大把地花银子购买茶器,宁可再次陷入贫困,也要把脖子上的那颗脑袋保住。这样说来,日本茶道历史上的种种茶具,还具有"保命"的作用。

出身名门,贵为一城之主,松平不昧自然有机会见识茶具名器,而丰厚的"国库"也让他有了一掷千金的豪气。松平不昧博览众家,见识不凡,他汇集成《古今名物类聚》,共18卷,极富史料价值,这是他为后世留下的重要财富,可惜今天多有佚失。他撰写的《濑户陶器滥觞》,也不是一般人可以出手的。松平不昧还为后人留下两座茶室——菅田庵和明明庵,前者建于1790年(宽政二年),后者建于1779年(安永八年),如今都已经成为日本重要的文化遗产。松平不昧学习茶道后,创建了"不昧流",也流传下来了。据《山阴中央新报》报道,在松平不昧死后200年,即2018年,松江市政府要举办"不昧公200年祭"活动,同时把他去世的4月24日定为"茶汤之日"。

松平不昧生活的时代,是江户幕府的中后期,此时政权大局已定,不再有战国时代那种"下克上"的兄弟父子相争,但是幕府将军的权力却更加集中,他深知自己一旦稍有不慎,就可能落得一个废黜藩主之位、没收封地的下场。因为祖上的那段"黑"历史,松平不昧打从出生起,就不得不谨慎小心地过活。励精图治,勤于政务,怕幕府怀疑自己图谋不轨;做个纨绔子弟,败坏了祖宗基业,又有辱门第。在这样两难的处境中,沉迷茶道是个不错的选择。正如他自己在《赘言》中所说的那样:"茶道是知足之道。"

懂得知足,才可以在"伴君如伴虎"的权力危机中保全自己,这是松平不昧从茶道中感悟的生存哲学。

41. 井伊直弼：倡导"一期一会"者死于暴力暗杀

旅游小贴士

到东京旅游的人大都会乘坐地铁有乐町线，其中有一站叫"樱田门"，距离旅游必去的银座只有两站的距离。樱田门是旧江户城、现在的皇居的大门之一，也是日本国家级的重要文化遗产。就是在这样一座有着浪漫名字的门前，却曾发生过一桩血案。

井伊直弼，曾经的日本近江彦根藩藩主，曾经的日本江户幕府的大老①。说起他，人们就会想到 1858 年他不经过天皇同意就与美国签订了《日美友好通商条约》，而且接下来一签就是一连串不平等条约，被美国撞开门缝的日本国门从此彻底打开了。井伊直弼死得很惨，1860 年 3 月 3 日，大雪纷飞，他的坐轿在樱田门外被一批善于搞恐怖活动的倒幕志士突然拦截下来，轿门打开，人被拽出，手起刀落，头颅流淌着鲜血被拎着呼啸而去。那一年，也正是英法联军对中国发动第二次鸦片战争的时候。而井伊直弼坚持与

① 大老：江户幕府时代辅佐将军的最高官员，统辖幕府所有事务。

美国签约的原因之一就是避免重蹈"邻国(指中国)覆辙之虞"。在我看来,井伊直弼是日本版的李鸿章,尽管李鸿章比他晚出生了8年。

井伊直弼作为政治家,在中国也是广为人知的。但是,中国的读者们很少知道,井伊直弼还是一位茶人,是日本茶道史上不能略过的一位人物。

1815年出生的井伊直弼是他父亲的第14个儿子。无论是接班做藩主的事情,还是继承遗产赚外快的事情,都轮不到他的份。他青年时代,将自己比喻为"埋木",也就是不能开花的深埋于地下的泥炭木,将自己的房舍取名为"埋木舍"。整日在"埋木舍"里习文弄武,钻研茶道。那时,茶道流派众多,井伊直弼选择学习武门茶道——石州流。石州流的创始人是片桐石州(又名片桐贞昌),是大和小泉藩的第二代藩主。他曾师从著名茶人桑山宗仙,学习赫赫有名的千利休之子千道安流派的茶道,后来渐渐形成了自己的风格,创立了所谓的"武门茶道"基本礼法体系。片桐石州在学习茶道之时认识了德川幕府三代将军——德川家光同父异母的弟弟保科正之,于是被推荐前去指导德川幕府四代将军——德川家纲。在之后的江户时代,石州流成了所谓"幕府的茶道"传播开来。由此可见"关系"的重要性。

而规范武门茶道的《石州三百条》更为井伊直弼所喜爱。我在推想,作为年轻人的井伊直弼学习了年轻人并不应该学习的茶道,应该是想向他父亲默默地表述什么。说白了,就是想说"老爸,我会修身养性的,不要担心我抢班夺权。"谁料,1850年,他的哥哥去世，井伊直弼出人意外地坐上了彦根藩藩主的宝座。

别人学习茶道，重视的是学习琐碎的仪式，或者跟着师傅走，能悄悄记下一两句话来也会兴奋不已。而井伊直弼在年轻时代就喜欢钻研茶书，进行的是文本式研究。他不但读书，还进行创作，31岁那年写下了《入门记》，告诉一同学习的弟子们应该怎样学习茶道。

井伊直弼还喜欢开茶会，重视茶道实践活动。而这些茶会的内容都被他一一记录在《彦根水屋帐》《东都水屋帐》等书中。

在研究茶书、实践茶会以及自己制作茶具的过程中，井伊直弼渐渐地形成了自己的"茶道观"，并且以著作的形式记载下来。他的著作有集茶会心得的《茶汤一会集》，有传授具体点茶方法的《炭书》《灰书》，还有讲述茶道历史的《闲夜茶话》。在日本茶道史上，茶人撰述如此之多书籍的，井伊直弼当属第一人。

井伊直弼的《茶汤一会集》一书中，推出"独坐观念"一说。"独坐"指客人走后，独自坐在茶室里，"观念"是"熟思""静思"的意思。说的是茶人面对一只茶壶，独坐茶室，回味一天来的茶事，静思此时此日再不会重演。这时，茶人的心里会情不自禁地泛起一阵茫然之情，但又会有一股充实感在内心涌动。他把茶人此时的心境称为"主体的无"。其实，这里强调的就是一种内省、自省。

井伊直弼在《茶汤一会集》中还谈到了"一期一会"。有些专家称这是井伊直弼对茶道的重大贡献。这实在是读书不多的结果。事实上，这句话的"首创权"在《山上宗二记》里，井伊直弼不过是在重复的基础上有了更加透彻的认识。所谓"一期一会"，意为人生

不但短暂，而且有些见面只有一回。它提醒人们要珍惜每分、每秒和每回相遇的缘分。井伊直弼在《茶汤一会集》的前言中这样写道：追其本源，茶事之会，为一期一会，即使同主同客可反复多次举行茶事，也不能再现此时现在之事。每次茶事之会，实为我一生一度之会。

井伊直弼还在外建造了一座名为"洳露轩"的茶室。"洳"这个字在白话文中已很少使用，音同"对"，是"沾湿、浸渍"的意思，所以"洳露轩"自然而然就是"被晨露打湿的小屋"了。实际上，这个名为"洳露轩"的茶室还有更深一层的含义，其名取自佛教著名经典《法华经》的经文"洳甘露法雨，灭除烦恼焰"。由此看来，看似优哉游哉的井伊直弼确实心怀抱负，烦恼还真是不少。

其实，如今每次和日本人或者中国人说到"一期一会"的时候，我都会条件反射般地想到井伊直弼。"一期一会"，人生苦短，这辈子见面只有一次，要格外珍惜。那些与恐怖分子没有差别的倒幕人士，在暗杀井伊直弼的时候，也是"一期一会"，争取做到一次性达到目的。1988 年，东京电视台播出长达 12 个小时的电视连续剧《花的生涯——井伊大老和樱田门》。我想说，对于这样充满血腥味道的"一期一会"，井伊直弼大概是做梦也没有想到的。

明治时代

42. 益田钝翁：凭三井物产实业重振日本茶道雄风

如今,在神奈川县小田原市的松永纪念馆内,可以看到日本近代"实业家茶人"益田钝翁晚年茶庵庭院中收集的九重塔、石造三重塔、沓脱石、石制炉等。

提起日本近代的茶道家,人们常常会说到益田钝翁。他的本名叫"益田孝","钝翁"是他的茶号。他于1848年出生在新潟的佐渡,和日本军国主义理论之父北一辉是同乡。1868年,日本迎来了明治维新。这时,益田钝翁正担任幕府陆军的骑兵中校一职。

与别人不同的是,益田钝翁不是个一般的骑兵军官。他当兵之前就曾在位于东京麻布福善寺的美国公使馆工作,跟美国公使哈里斯学习英语,因此成为"哈美族"。他还曾跟着父亲参加遣欧使节团前往欧洲,那英语练得是"杠杠"的。出访欧洲期间,他受到了一点小小的刺激,那就是欧洲许多国家都喜欢喝"下午茶",而有的招待方还专门为他们举行"茶宴会"。而这时,日本的茶道正在大幅滑坡，呈现颓势。记住，一个人在海外受到刺激，要比在国内受到刺激更为鲜明、深刻。因为在海外受到刺激很容易升级到民族层面、国家高度，益田钝翁就是这样，他认为茶的故乡在日本。

明治维新后，益田钝翁转身做买卖，先在横滨经营一家贸易公司，1837年又在井上馨开设的东京总行担任行长。同时，他也是1876年综合商社——三井物产的创始人之一，为三井财阀的形成做出了巨大贡献。田中仙翁在《茶道的美学》中肯定了他为三井财阀付出的努力，还说："他拉开了实业家之间流行茶汤、收集名器的序幕。"也就是说，以往那种武士大名玩味茶道、收藏茶器的时代已经彻底结束了。现在进入一个实业家、有钱人玩茶道、收茶器的时代。这也是日本茶道历史的一个转折点。多说一句，日本茶道史，实际上也是一部日本民族文化的兴衰史。

益田钝翁当初只是一名艺术品收藏家，对茶道并不十分感兴趣。但是，在出访欧洲期间受到的那个小小的刺激始终让他耿耿于怀。于是，1895年(明治二十八年)3月21日，益田钝翁模仿欧洲的"茶宴会"，在位于东京品川御殿山的家中举办了名为"大师会"的茶会。结果，当时日本财界名人及各大财阀都应邀前来参加，唯独大日本麦酒(今天的札幌啤酒)的老板马越化生因为曾经和益田钝翁吵过架而没有得到邀请，他硬是翻墙参加了茶会。真是宾客盈门，高朋满座，一下子茶会成为"老板盛会"了。

这次大会是日本茶道复兴的一次标志性大会。从此以后，"大师会"每年举办一次，由各大财阀轮流坐庄，攀比之风自然不在话下。益田钝翁也因此被称为"千利休以来的大茶人"。

从此,茶道走进日本财界。就如今天,日本财界的许多商谈要通过打高尔夫球来进行。松永秀夫在《益田孝天人录》(新人物往来社,2005年)中说,当时如果要和三井财阀进行商谈,必须先用茶道招待益田钝翁。

益田钝翁打破了茶道中的常规,把新风带入了传统的茶道。在"大师会"上,益田钝翁锐意创新,展示了狩野探幽珍藏的空海大师的一卷墨宝——十六字座右铭。他还略去添炭礼法,代之装饰添炭道盒和合盖题字的收藏盒,创造了一种全新的客间装饰。看到明治维新政府实行神道国教化政策,把许多寺院、佛像、佛具都彻底毁坏,他非常焦虑,花钱买下许多当时谁也不想要的佛像、佛具等,然后放入茶室里。所以,他又是一个在日本茶道史上把佛教艺术带进茶室的人。此外,他还是第一个将16世纪的世界地图悬挂在茶室的人。让日本的茶道走向世界,让世界接受日本的茶道,就是"财神"益田钝翁的心愿之一。

1913年,益田钝翁辞去三井合资公司要职后,便在可以看到"三分是海三分是山"的小田原购买了3万坪土地,创设了茶道净土"扫云台"。他茶室的周围呈现自然景象,有猪圈、鸟屋,另外还有橘园和红茶加工场。所以,对他来说,茶道并非遁世,而是现实生活的一部分。与此同时,许多茶人也追逐而来,小田原一时成为"茶道圣地"。1938年,益田钝翁去世,享年91岁。这间茶室,正如益田钝翁生前所说,"这个家,就在我这一代结束",他死后便作为住宅地出售了,几乎没有留下痕迹。

其实,作为媒体人,我还很看重益田钝翁做的一件事情,那就是他在 1876 年创办了今天被称为日本六大纸媒之一的《日本经济新闻》的前身——《中外物价新报》。很多人都把益田钝翁称为"实业家茶人",我却想把他叫作"传媒人茶人"。

2017 年 9 月 23 日和 24 日,益田钝翁的故乡——新潟县佐渡市政府举办了"佐渡钝翁茶会",以此迎接 2018 年——益田钝翁诞辰 170 周年和明治维新 150 周年。

43. 岩崎弥之助：秘藏当今世上第一茶碗的"汉学迷"

旅游小贴士

被誉为"展览馆之都"的东京,如珍珠般散落着大大小小的各式博物馆、美术馆,其中有一座展馆荟萃了诸多东亚艺术瑰宝,分量之重,不可小觑。在涩谷搭乘东急田园都市线,在二子玉川站下车,穿过幽静的日式住宅区,步行 20 分钟,就来到静嘉堂文库美术馆。

坐落于东京二子玉川的静嘉堂文库美术馆,每天吸引着络绎不绝的参观者。作为一个喜爱读书之人,如果不知道这里,真的应该伸出手心挨戒尺喽！这是一个与中华文化有着万千联系的地方。这里收藏有数量极为可观的来自中国的古籍善本,尤其是宋元古籍,其数量之巨大,品相之完好,令人艳羡惊叹。有专家曾这样评说,论及宋元古籍的收藏,整个日本,唯一能与静嘉堂文库美术馆相比的,就是东京国立博物馆。

当然,我在这里不是和各位看官聊宋元古籍收藏的。静嘉堂文库美术馆收藏的另一特色就是茶器的收藏，无论是质还是量，都是值得大书特书的。还记得 2004 年 10 月，我曾经去静嘉堂文库美术馆看过《三菱·岩崎家的茶道具——父子二代搜集的至宝》展览，才知道茶器可以分为挂轴、花瓶、香盒、釜、茶碗、茶杓、茶盒、枣、水瓶、茶壶、棚架等 11 个种类，居然能够亲眼看到 142 件珍品。至今记忆犹新的是，当时我站在一只被列为国宝的、产自中国福建建阳窑、世上仅存三件之中最上品的"曜变天目茶碗"面前，双脚好似被钉在地上一般不能移动。是的，"曜目天目茶碗"，产自我的祖国，如今世界上仅存三件，但都存于日本。日本！中国的瑰宝在中国不能看到，只能够在日本看到，这会是一种什么心情，无须我多说，各位看官大概也可以理解。当一个国家走向弱势的时候，它的文化瑰宝就会背井离乡，在自己的故土绝迹，在异乡他国成为绝唱！

拥有这件举世瞩目的茶碗的幸运儿，简直要引起全世界的艺术品收藏家们"羡慕嫉妒恨"，他就是静嘉堂文库美术馆的创立者岩崎弥之助，同时也是大名鼎鼎的三菱集团创始人岩崎弥太郎的弟弟、第二任掌门人。

三菱，对于中国人来说是一个熟悉的名字。从小小的卡带，到高大的越野车，三颗钻石的标志时常出现在中国人的生活中。在日本，这个有着一个半世纪历史的集团更是像"神一般的存在"。明治维新之后，"士农工商"人分四等的现象都不存在了，但是社会阶层依然存在，取代武士阶层掌握话语权的是华族和大财阀，三菱集团在其中占有一席之地。三菱集团的创立者岩崎弥太郎，出身于土佐藩的流浪武士家庭,因为生活困顿,不得不舍弃武士身份。他善于学习,在坂本龙马创立的"海援会"中担任经理一职发现了机会,不久创立三菱商会,开创海运业,在后来的台湾战争和西南战争时,靠着运输军备物资狠发了一笔财。三菱商会最终发展成日本第二大财阀——三菱集团,而岩崎弥太郎的一生无疑是充满戏剧性的、值得大书特书的、浓缩的日本近代史。

不过,这一次,请让我们把视线投向他的弟弟——岩崎弥之助。打虎亲兄弟,上阵父子兵。岩崎弥之助比哥哥岩崎弥太郎小17岁,在岩崎弥太郎如兄如父的栽培之下,很快就能够驰骋商场,化解了一次次并购危机。在哥嫂的张罗下,岩崎弥之助娶了后藤象二郎的长女早苗。对,就是那个与坂本龙马一起制定"船中八策"、家老①出身的后藤象二郎。政经结合,强强联手,岩崎家族拥有其他财团无法比拟的优势。虽然其早已丢掉了武士的身份,但是从一次次用低价赎买"国有资产""藩有资产",并获得特许经营权等特别手段来看,三菱财阀的扩张史上映着战国时代"下克上"精神的影子。

明治维新后的日本,工业革命带来的钢铁文明裹挟着西风压倒了孔夫子克己复礼的东风,在日本的主流社会高呼"脱亚入欧"的论调时,岩崎弥之助却冷静地意识到保护和收集日本传统文化遗产的重要性,这或许与他深厚的汉学修养有很大关系。岩崎弥之助到大阪跟随哥哥生活,期间他进入日本明治时代最著名的汉

---

① 家老,江户时代幕府和诸藩的重臣,地位很高,仅次于幕府将军和藩主。统率家中的所有武士,总管家中一切事物。通常是世袭。

学家、史学家重野安绎所开办的私塾成达学院学习,这段学习经历让他从此与中华文化结下深厚的不解之缘。就连静嘉堂文库美术馆的名字都和中华文化有着莫大的关系。"静嘉"两字源于《诗经》,是重野安绎命名的。

岩崎弥之助对于"东洋之物"的收集到了痴迷的程度。为了购得源于中国南宋的茶器名物附藻茄子和松本茄子,面对此时因为政府派系斗争的牵连而备受打压的哥哥,岩崎弥之助还是对如父亲一般敬重的哥哥提出预支整年薪水的要求。清末四大藏书家之一陆心源毕生所藏的书籍,在他去世之后,被经济窘迫的儿子卖了还债。岩崎弥之助得知后,多次联系陆家,终得如愿。如今这四千多部、四万五千多册宋元古籍及众多名人手帖被完好地收藏在静嘉堂文库美术馆。

有人说,把前人留下的宝贵的文化艺术遗产收集和保护起来,免于兵燹,实在是件功德无量的好事。也有人认为在他国陷于纷乱之时,在他人家道中落之际,乘人之危,实非君子所为。是是非非,一时不知该如何评判。然而,那些珍贵的宋元古籍是通过赎买的形式从不肖子孙手中购得的,那举世瞩目的曜变天目茶碗是从拍卖会上购得的,并没有想象中的血淋淋的抢掠。尤其难得的是,岩崎弥之助在得到这些珍本之后,没有做过任何改动,连一个自己的印鉴都不曾加盖。对比那位爱好古董字画的三希堂主人,不知道要高出多少境界。

终于走到这只充满传奇色彩的曜变天目茶碗前,我贪婪地注视着它,黑色的夜幕中,银灿灿、蓝莹莹的光芒交替闪烁。它,引得无数藏家"竞折腰",究竟是为什么?

茶器,不仅是蓄满一碗碧绿茶香的容器,而且也体现了时代的审美情趣和茶人的性情品格。丰臣秀吉偏爱"赤乐烧",因为红色对于武士来说意味着幸运和机遇;千利休钟情黑色,只因为这种暗冷沉静的色调才能配得上"侘寂"的情调;古田织部不破不立,可谓解构美学的先驱。然而,曜变天目究竟代表着什么? 人们却无法回答。

曜变天目,祝穆在《方舆胜览》中说,"其价甚高,且艰得之"。静嘉堂文库美术馆在介绍时说,这是一项"偶然得之"的技术。这是一种源于宋代的黑釉瓷器烧造技术,因为宋人斗茶的雅趣而声名鹊起,当翠绿温厚的抹茶茶汤在黝黑润泽的天目茶碗里荡漾,禅机便在幽玄中闪现。

禅机总是如流星般来去无踪,"曜变天目"也随着南宋王朝的消亡成为了历史,目前,全世界仅存三只"曜变天目",分别收藏于日本的京都大德寺龙光院、大阪藤田美术馆和静嘉堂文库美术馆,其中品相最佳、最著名的,就是静嘉堂文库美术馆收藏的这盏。这只碗高 6.8 厘米,碗口直径为 12 厘米,碗身呈灰褐色,遍施黑釉,其上遍布银白色圆点状斑纹,在银白色斑纹之外又晕出一圈若有若无的蓝色光晕,在暗夜里闪烁着魅惑而神秘的光芒。一只小小的茶碗,竟藏着整个浩瀚的宇宙,不可说的禅机就在其中。

走出静嘉堂文库美术馆,庭园的一隅,是岩崎弥之助的墓地,由英国人乔赛亚·康德设计,他同时也是那座著名的鹿鸣馆的设计师。站在岩崎弥之助的墓前,我献上一个爱书人最深挚的敬意。

44. 冈仓天心：把日本茶道推向世界的"吃螃蟹者"

旅游小贴士

到日本茨城县北茨城市大津町五浦旅游的时候，不要忘记去看一看那座叫作"六角堂"的建筑。据说，明治时代，把日本茶道推向世界的冈仓天心曾经在这里思考。目前，这里由茨城大学管理。

民族的，就是世界的。这句话，嘴上说说容易，践行起来实在不易。但是，日本有这样的人，不仅嘴上说，而且行动上也在做。举例而言，有新渡户稻造，有冈仓天心。前者用英文撰写了《武士道》，将其直接推向国际社会，后者用英文撰写了《茶之书》，把日本的茶道置入世界之中。在这方面，中国自民国以来有辜鸿铭、林语堂、杨联升。遗憾的是，他们直接用英文撰写的那些介绍中国文化的篇章与著作，或者细致探微追求末梢让人难见全豹，或者气势磅礴叙事宏伟让人不得一斑，结果是并没有像《武士道》《茶之书》这样能够反映一个国家、一个民族的文化侧面，没有能够在环宇广泛流传并且得到共识。

这其中的冈仓天心,可以说是日本近代史上像"神一般存在的人物",日本美术院和东京艺术大学的诞生都和他有密不可分的关系。如果允许我八卦一下的话,我就先讲日本美术院诞生时一桩轰动东瀛的桃色事件。

1887年(明治十九年),冈仓天心结束了为期一年的赴欧美考察工作。途经华盛顿时,他受到时任日本驻美国大使九鬼隆一的委托,护送其夫人返回日本。此时,九鬼隆一的夫人津波子已怀有身孕。前上司的夫人,又是怀有胎儿的孕妇,冈仓天心理应敬护有加。怎奈茫茫大海漫漫旅途,两颗年轻的心撞出了火花。回国之后,津波子提出离婚,在无果的情况下带着儿子离家出走,就住在东京冈仓天心家不远的地方。一时间,社会上风言风语不断。

而此时的冈仓天心已是有妇之夫,他的结发妻子基子得知此事后,大闹津波子的住处,津波子的丈夫九鬼隆一也要求她立刻离开东京,返回京都闭门思过。而津波子为了冈仓天心抛家舍业,怎奈所托非人。冈仓天心在享受着与津波子的姐弟恋时,又看上了自己的侄女八杉贞,两人还生下一个男孩。多角恋的后果是,津波子疯了,八杉贞被迫嫁给冈仓天心的学生,冈仓天心受到社会舆论的批评,在1898年被辞退。走时,冈仓天心带走了一批心腹,其中就有"日本近代绘画之父"横山大观和明治时代著名画家菱田春草,他们一起创办了日本美术院。这起事件在日本近代美术史上被称作"美术学校骚动"。

我讲这段八卦,意在说明冈仓天心的为人。但是,在文化史上,人品与文品似乎又不是成正比例的。作为明治时期著名美术家、美术评论家、美术教育家、思想家的冈仓天心作品颇丰，我最看重的还是这本《茶之书》。

明治维新是日本一场划时代的革命。其内容之一是重新划分了日本的社会阶层，导致曾经依附封建制度存活的华族和士族生活日益拮据。出人意料的是，以往德川幕府或大名们豢养的茶人们因此失去了屏障的庇护，那些凭借出售茶道用具为生的御用商人们也失去了客户，不得不消失或者转行。而一些贫困潦倒的大名为了生活，不得不开始出售祖传的茶道用具，甚至以三文钱这样不可思议的低价出售。就这样，以往要用黄金白银购买的茶道用具却落得了和陶器同样价格的下场。

就在这样一个茶道式微的背景下，冈仓天心出现了。他与大名鼎鼎的福泽谕吉不同，比起倡导"脱亚入欧"，他更强调"现在正是东方的精神观念深入西方的时候"，认为亚洲人应当用自己的价值观去影响世界。基于此，他站到了日本茶道的一方，立志要向世界介绍这项日本的传统，以此再度振兴日本的茶道文化。

冈仓天心于是直接用英文撰写了《茶之书》(原名 *The Book of Tea*，又译作《说茶》)。该书主要介绍了饮茶、茶道和茶的演变的三个时期，尽管当年接触过这本书的日本人对此书的评价不高，但在冈仓天心死后，《茶之书》却一度成为日本茶道入门或外国人鉴赏日本茶道的权威著作。

在写此书的时候，冈仓天心为了能让欧美人充分理解日本茶道真是煞费苦心，与日本常规的介绍方式不同，他充分利用了各种写作手法来展示日本的茶道艺术，如茶水是以花或画为题构成的即兴表演、人与人之间爱情的神秘是最基础的东西等。有人说,欧洲人可以通过这本书认识日本茶道文化: ① 不均齐,无法——茶道不以正圆正方为美,认为扁瘪歪曲更有趣;② 简素无杂——色彩单调,茶具精而少,动作科学,缺一不可;③ 枯高无位——茶室内色调以杨叶色为主,超越美的存在,显出干练坚韧的风格;④ 自然无心——不造作,无杂念,不勉强,是"无我"的忠实表现;⑤ 幽玄无底——不将全部意思表露出来,只表露一部分,其余让对方去理解;⑥ 脱俗无碍——用清水洗手漱口,洗净心中的污泥;⑦ 静寂无动——在茶事进行中要保持安静庄严的气氛。

十分遗憾的是,冈仓天心在世时,这本向外国人介绍日本茶道的《茶之书》并没有翻译为日语。直到 1929 年,冈仓天心逝世16 年后,这本书的日语译本才在日本问世,引起了极大的反响。尽管对于其内容仍有争议,但这却是世界上第一本由日本人用外文书写,全面地、具体地向世界介绍日本茶道的书籍。而这本书中对于茶道的理解,也奠定了当时大多数外国人对日本茶道的认识基础。

不过在我看来,冈仓天心在《茶之书》中最为经典的解说是: "茶道是一种对'残缺'的崇拜,是我们为了成就某种可能的完美,所进行的温柔试探。"

对了,冈仓天心还说过,"武士道"的重点是"死法","茶道"的重点是"活法"。

昭和时代

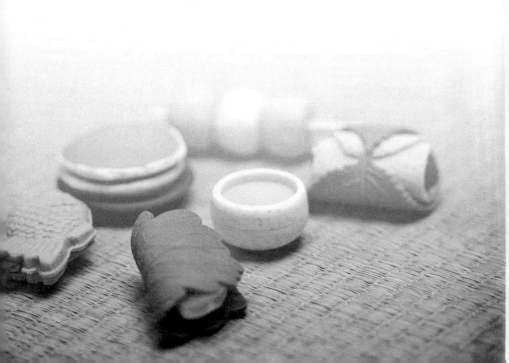

45. 小林一三：酷爱茶道的他曾与岸信介激烈对立

旅游小贴士

沿阪急电铁宝冢线在池田站下车，步行十分钟，就可以到达逸翁美术馆，看看本文主人公的故事。

性感妩媚的黑木瞳，难辨雌雄的天海佑希，两位个性鲜明的殿堂级女明星，有着一个共同的身份标签——宝冢。宝冢成就了她们，她们也让宝冢的名声更响亮。宝冢，一个已经拥有一百多年历史的歌舞团，被誉为"东方好莱坞"。在失败的投资项目"宝冢室内游泳馆"中引入少女歌剧团的表演，不仅让游泳馆扭亏为盈，也让宝冢少女歌剧团声名鹊起。这个当初作为吸引游客泡温泉而出现的"添头"，如今已经成为大阪的城市名片和骄傲。这些传奇故事都离不开一个人物——小林一三。

人称"活的丰臣秀吉"的小林一三不仅是一位商业奇才，而且还拥有政界要人、茶道名人、畅销小说家等多重身份。人们熟知的"经营之神"松下幸之助、稻盛和夫，与小林一三相比，都是后辈。

被誉为日本"经营之神""铁道王"和"宝冢之父"的他在关西建立起了整合交通运输、娱乐休闲、教育生活等功能的综合王国，"宝冢"只是其中色彩最亮丽的一部分。如同战国时代的大名一样，小林一三缔造了一个庞大的帝国，而他就是这个帝国的王。如今到日本旅行的中国游客，即使对宝冢和职业棒球没有兴趣，也都不可避免地要与这位人物产生某种交集。正因为如此，我想讲讲他的故事。

说起来是 1873 年(明治六年)，人们还沉浸在新年的热闹气氛中，在山梨县的一个富有之家降生了一名男婴。男丁的到来本是一桩喜事，可是这家人还来不及庆贺，孩子的母亲就不幸离开了人世。经历丧妻之痛的男主人为这个生于新年第三天的男孩取名"一三"，就将其送给亲戚抚养了。

少年小林一三进入思想家福泽谕吉创办的庆应义塾读书，在这座被誉为"企业家摇篮"的学校里，接受了"尚实学、倡独立"思想的洗礼。告别校园，小林一三进入三井银行担任勤务工作，在工作过程中他接触了许多茶器(这些茶器是被那些受到时代冲击而生活日渐困窘的茶师或者武士典当的)，又碰巧遇到一位在茶道方面造诣颇深的老上司，老上司就成了他研习茶道的领路人。于是，这段看起来毫无关联的银行勤务工作为他日后成为明治名茶人奠定了基础。

在为银行业服务 14 年之后，小林一三转而从事铁路经营事业。他创造性地提出"田园都市计划"，通过多元化发展的手段，秉承"文化与生活相融合"的理念，由轨道交通拓展至沿线的房地产开发及生活娱乐设施的配套建设。铁路开通之后，沿线房价暴涨五倍，吸引大量人群涌入，小林一三一举成功。他因此被政经界的很多大人物视为榜样，他那句"乘客是由电车制造出来的"广为流传。在他之后的"铁道王"东急集团创始人五岛庆太和西武集团的创始人堤康次郎都曾复制过他的经营发展模式。旧时大名们修筑城池，近代的商界领袖铺设铁路构建城市，他们是一组群像，在明治维新之后，伴随着西方工业文明的发展而出现，为日本的近现代文明社会奠定了基础。

正是这样一批励精图治的实业家，很好地将日本传统文化保护和继承下来。不满于在"脱亚入欧"思想的影响下人们对日本传统文化的遗弃，小林一三特意拜表千家的家元为师，学习传统茶道文化。在当时的京都和东京，形成了两大茶会群体——光悦会和大师会，参与者全部是那些日无暇晷的大商会会长，小林一三在其中担任了重要角色。

尽管作为缔造了巨型商业帝国的商界领袖，手中掌握着巨额财富，小林一三却大力批评当时在茶道爱好者中弥漫的浮夸风气，认为"茶具会"中那种为了所谓的"名器"一掷千金的行为与茶道精神背道而驰。小林一三创作了两部茶道方面的著作，即《新茶道》和《大乘茶道记》，在其中，他提出"素简即茶道"的理念。

然而，当国家机器落入军国主义者手中，国家就变成了一列疯狂驶向地狱的列车，无论是主动还是被动，或多或少，都会与20世纪前期那场蓄谋已久的侵略战争扯上关系。即使自号"逸翁"的小林一三也不可能关起门来喝茶写作，完全置身时代漩涡之外。战时,小林逸翁曾经应邀加入近卫文麿的内阁,出任商工大臣。在此期间,由于他关于发展经济的主张与他的次官岸信介——当今日本首相安倍晋三的外祖父相去甚远,而引发了著名的"企画院事件"。在小林一三的坚持下,大批主张"企业不应该追逐利益,而是为国家所支配"的高官被扣上"赤色"的帽子,许多参与《经济新体制确立纲要》制定的高级官员被捕入狱,作为"革新官吏"派意见领袖的岸信介被迫辞职。然而,此次事件并非以小林一三等实业派的成功而宣告终结,在当时的社会背景下,即使是手腕强劲的小林一三也无法实现自己的经济主张,不久,在军部的构陷下,小林一三也黯然宣布辞职。战后,小林一三受邀出任国务大臣和战灾复兴院总裁,屁股还没坐稳就受到来自美国占领军"公职追放"的处罚。

解除"公职追放"后的小林一三彻底从政坛消失,只担任"庆应义塾评议员"的工作,经历了半个世纪风云浮沉的八十岁老人,终于可以在他的"雅俗山庄"喝茶写作,做一个安享生活的"逸翁"了。1957年1月,小林一三与世长辞。同年,公益财团法人阪急财团在他留下生命最后足迹的地方,位于大阪府池田市容本町的旧居——"雅俗山庄"设立了一个逸翁美术馆。逸翁美术馆内共收藏5 000余件藏品,其中具有重要史料价值的名贵茶具1 000余件,"重要文化遗产"15件。

坦白地说,我无意追踪小林一三创下的商业奇迹,给他的定位也是一位延续"堺商"传统的实业家。四百年前,正是来自堺的一群商人或者商人之子,武野绍鸥、千利休等将茶道文化从高深的寺院之中、莫测的庙堂之上引入市井生活的。堺的商人同时也都有茶师的身份，他们出身于市井之中，由此衍生出的数寄茶、町人茶，即使没有名贵的茶器，没有特殊的身份，也可以体验茶道精神的真谛。他们看到日本长期依赖从朝鲜和中国进口的茶具，数量稀少且价格高昂，因此催生发展日本本土制陶业的愿望，堺的商人一直走在时代的前面。四百年后，小林一三等人继承了"堺商"们身上所体现的历史责任感，他用"田园都市"的概念改变了一代代日本人的生活方式，用"素简即茶道"的理念让古老的茶道萌生新绿，将"数寄"的精神传承下来，值得所有人借鉴和思考。

46. 五岛庆太：私人美术馆保存日本血腥的茶道史

在东京都世田谷区上野毛隐藏着一座私人美术馆——五岛美术馆,它的创立者是被东京人自豪地称为"铁道王"的东京急行电铁株式会社创始人——五岛庆太。因为他喜爱茶道,一生也收集了许多茶器,因此这座美术馆又被称为"茶具美术馆"。值得一看!

在东京都世田谷区上野毛隐藏着一座私人美术馆——五岛美术馆,它的创立者是被东京人自豪地称为"铁道王"的东京急行电铁株式会社(简称"东急")创始人——五岛庆太。酒香不怕巷子深,即使交通略有不便,拥有众多珍贵藏品的五岛美术馆依然吸引着越来越多的外国游客。这里不仅收藏有世所闻名的"国宝"——手绘《源氏物语》画卷、战前大收藏家和茶人益田钝翁的藏品,以及来自中国、朝鲜的大量珍贵艺术品。还有一些与日本茶道历史密切相连的珍品。正是因为这座美术馆的存在,五岛庆太成为日本茶道历史上无法忽略的重要茶人。

五岛庆太的人生，就是一部麻雀变凤凰的典型教科书。在日本，曾经有一种说法："西边有小林，东边有五岛"，意思是说小林一三和五岛庆太分别占据着日本关西地区与关东地区的关键位置。这两位商业巨擘，生前缔造了庞大的经济帝国，身后留下了宝贵的艺术财富。小林一三创立的逸翁美术馆和五岛庆太的五岛美术馆，各据一边，见证着爱好茶道的企业家们为守护日本传统文化所付出的努力。

说来也巧，东西两边"五百年前是一家"——五岛庆太本来也姓小林。小林庆太出生于长野县一个贫困的农民家庭，父母无力供养他读书，他靠着"现学现卖"一点点完成学业。初中毕业后，他到青木村一所小学校做了几年代课教师，凑够了去东京读书的费用。可是，1902 年报考东京高等商业学校（现在的一桥大学）因为英语不及格而落榜，第二年才考上东京高等师范学校（现在的茨城大学），并且进入的就是英文学科。

高中毕业以后，小林庆太曾到三重县四立市的商业学校工作。但是，那里的环境似乎不友好，周围的老师都把他看作"傻瓜""笨蛋"。他无法忍受，回到东京参加高考，一下子考入东京帝国大学的法学系。读书期间，小林庆太在校长的介绍下利用业余时间帮人补习英语课，负担在读期间的费用。也因为给外交大臣加藤高明的儿子补课，得到了加藤高明的认可，在他的帮助下进入农商务省。

小林庆太进入农商务省这一年 29 岁，但他是以"工场监督官"的身份被录用的，恰恰赶上《工场法》延期 3 年实施，他成了一个没有去处的人。还好,天无绝人之路,这个时候赶上日本实施铁路国有化,小林庆太调到刚刚成立的铁道省工作,并从此与铁道结下不解之缘。第二年,小林庆太和当时著名建筑学家、皇宫二重桥设计者久米民之助的长女万千代结婚。久米民之助还参与多条铁路线的设计与施工,在政经界拥有大量人脉。成婚之后,为了振兴万千代曾祖母的家族,小林庆太顺从地更名为"五岛庆太"。就这样,这个来自长野的农户家的次子,终于靠着自己的努力在日本的铁道圈站稳了脚跟。

1920 年,在"各部委"辗转担任基层领导职务的五岛庆太突然辞职"下海"了,他的新身份是武藏电气铁道的常务。随着一场场鏖战和并购,五岛庆太的商业帝国越来越强大。五岛庆太善于将政治关系运用到商业经营中,1944 年五岛庆太加入东条英机内阁,担任运输通信大臣一职,成为正部级干部。战后,五岛庆太因为参加过"战争内阁",虽然没有直接杀过人,但也算是有政治污点的人,遭到"公职追放"的处罚,他的"大东急帝国"也被迫"解体"。四年之后,解除"公职追放",五岛庆太以 70 岁的高龄重掌东急帝国的大权。

由于五岛庆太作风强悍,世人送了他一个"强盗庆太"的外号。重出江湖的五岛庆太和小田急集团与号称"手枪堤"的堤康次郎的西武集团之间为争夺箱根山附近的发展规划权的一段故事广为流传,"强盗"遇着"手枪",一场恶战自然是不可避免的了。这场旷日持久的争夺战一直持续了十多年,昔日战国武将们战火纷飞的肉搏厮杀,演变成如今没有硝烟的商业战争。后来,这场商战被狮子六文写成小说《箱根山战争》，后又拍成了电影。

　　明治维新之后，经济飞速发展，思潮激荡，西风东渐，日本也曾经历对传统文化的盲目批评和抛弃。一方面，今天让日本人引以为傲的茶道、花道、剑道等，在那时统统被推下"神坛"；另一方面，作为茶道资助人的公卿大名也都失去了旧日领地，茶道师的地位每况愈下，许多人甚至无法维持基本的生活。幸而有一批新兴的商人和实业家，既财大气粗，又对传统文化有极大的兴趣，他们热衷于举办茶会，沉溺于收集茶器名物。五岛庆太也是其中之一。细川忠兴珍藏的安国寺肩冲、足利义政收藏过的芦屋狮子牡丹纹茶釜、桃山时代的鼠志野茶碗……悉数被他收入囊中。有人批评说，这些新兴的"土豪"们已经失去了千利休所提倡的"侘寂"的茶道精神，但是无可否认的是，正是因为他们对茶道的热情，日本茶道文化才得以传承。

　　1959 年，五岛庆太逝世。根据五岛庆太的遗愿，他的后人在他的旧宅邸之上修建了一座私人美术馆，并于 1960 年正式对公众开放。现在，让看官们跟着我把目光聚焦到这座拥有优美庭园和古朴建筑的私人美术馆。

　　庭园一隅，草木掩映着一座古朴的建筑，名曰"富士见亭"，是五岛庆太非常喜欢的一间茶室。晚年，深受糖尿病困扰的五岛庆太经常在此举办茶会。远处，时不时传来东横线和大井町线上列车经过的声音，为茶会增添了几许乐趣。五岛庆太曾经留下一张非常著名的照片，他被家人们簇拥着，把玩着那只最喜欢的名为"峰叶烧"的、有四百年历史的茶碗，露出了满足的表情。时代变革中,他守护了那些茶器名物,云淡风轻时,那些名物也带给他许多慰藉。

徜徉在五岛美术馆中,我在五岛庆太收藏的一幅名为《有马茶会记》的书法作品前久久驻足。这幅长 27 cm、宽 42.4 cm 的纸面上,记录了 1590 年(天正十八年)10 月 4 日丰臣秀吉在有马温泉举行茶会的琐碎事情。说起来,这一年丰臣秀吉发动小田原之战,打败了强居关东百年的后北条氏,给日本统一铺设了一条顺畅大道。当年 9 月,丰臣秀吉率大军返回京都,为了消除疲劳,9 月 25 日到 10 月 14 日滞留于有马温泉。10 月 4 日,丰臣秀吉举办茶会,由千利休担任茶头,把客人分为三批,每批三人晋见丰臣秀吉。为此,丰臣秀吉特意从自己珍藏的 60 多件茶具中遴选出最喜欢的摆放出来。显然,这是一次炫耀战功的茶会。

另一幅让我流连忘返的书法作品是千利休被迫自杀之前写的人生最后一封信函。据介绍,这封信函是 1591 年(天正十九年)2 月 5 日千利休写给大德寺聚光院住持的,委托他保管自己视为生命的茶壶"桥立"。信函的大意是:"我把这个壶拜托给你了。如果没有我的亲笔签名,不管是谁找你要,你都不能给。"这时,我想起自己曾经阅读过的小松茂美撰写的《利休的信函》(小学馆出版,1985 年)一书,里面说丰臣秀吉与千利休最后对立的焦点就是在争夺"桥立"壶上面。千利休宁肯让自己的生命消逝也不愿意把茶壶奉送给最高权力者丰臣秀吉。结果,写这封信的 23 天后——2 月 28 日,千利休被逼自杀身亡。多少年后,五岛庆太从大德寺聚光院手里收购了这封被称为"千利休消息"的信函,它浸染着日本茶道大师的生命之血！

　　行走在五岛美术馆中，追忆"铁道王"波澜起伏的一生，从读不起书的长野农民的儿子，到缔造庞大经济帝国的"铁道王"，在五岛庆太的身上，既延续了战国武士"下克上"的进取精神，也能看到保持和传承日本传统文化的责任感。

47. 贞明皇太后：用茶道亲自招待"儿皇帝"溥仪

在东京都的港区，有一处被誉为"日本凡尔赛宫"的建筑——赤坂离宫。该宫殿建在日本皇室的赤坂御用地上，如今已经是日本国家级的迎宾馆，有时候也对外开放。不过，到这里参观的中国游客甚少。各位看官下次来东京游玩时，不妨去一睹它的风采。

在这片土地上还曾有一间毁于美军空袭的茶室，即贞明皇太后的茶室"秋泉亭"。就是在这间茶室中，当时的贞明皇太后曾亲自以茶道接待日本的"儿皇帝"——伪满洲国皇帝爱新觉罗·溥仪。

说到发动侵华战争的昭和天皇，在中国算是一位家喻户晓的人物。但是，关于昭和天皇的母亲，中国人知道的就不多了。今天，我想讲的就是这位日本皇室成员——贞明皇太后，以及她的茶与中国的故事。

日本第 123 代天皇——大正天皇的皇后贞明，原名九条节子，是旧贵族九条道孝的女儿，如今在东京国立博物馆中的"九条馆"

就是她家的书院。她的个人经历,可谓日本皇室的典范。与贵族小姐们不同的是,年幼时她被寄养在东京高圆寺近郊的一户农家,过着几乎放养的田园生活。也正是这样的生活让她与其他娇滴滴的贵族千金们相比,有着更为健康的身体。后来,她之所以能够嫁入日本皇室,尤其是被选为病歪歪的大正天皇(当时的皇太子)的妻子,决定性因素之一也是其具有健康的体魄。在明治三十三年,也就是八国联军侵华的 1900 年,15 岁的她在战火纷飞中与皇太子结婚。

他们的新居就是现在的日本迎宾馆。她和大正天皇的婚姻在日本历史上意义非凡,因为就是从他们开始,日本皇室婚姻一夫一妻的制度正式确立。而且,贞明皇后和大正天皇十分恩爱,她不仅打破日本皇室的惯例,亲自打理天皇身边的事务,还与天皇养育了四个孩子,这样的子嗣数量在日本天皇史上也是少有的。

日本军舰制造的"大沽口事件"的血腥尚未散去,1926 年,大正天皇驾崩了。随后,升格为皇太后的贞明要求在自己的住所中建造一间茶室。理由是因为赤坂御用地的建筑规格都十分宏伟,楼房看起来太高了,无法让她平静下来,所以需要一间小一点儿的屋子,以便放松心情。

此刻,大日本帝国已经膨胀起来了。就算是小屋子,就算只是一间小茶室,到底也是"万世一系"皇室的茶室,不是当时的宫内省内匠寮随随便便就可以决定的。于是,当时日本著名的茶室设计师、武者小路千家的老师三代木津宗诠便受命为皇室建造这座茶室,竣工时已是 1930 年(昭和五年)了。而且,该茶室内的茶道用具全部由日本著名的茶道世家——表千家、里千家、薮内家等为皇室专门打造,甚至部分木材是从皇太后的娘家九条家运过来的梅木。

贞明皇太后对这间茶室非常满意,并亲自将它命名为"秋泉"。可以说,这间茶室在日本茶道历史上是无价之宝,世上再也找不到第二间由全日本茶道名家共同精心打造的茶室了,或许只有日本的皇室才能"有此殊荣"吧。然而,这间"秋泉亭"茶室在第二次世界大战末期未能逃脱美军的空袭,里面由各茶道世家奉献的珍贵茶具也所存无几。不过这些都是后话了。

在铁血纷飞的昭和年间,贞明皇太后经常到这里学习茶道,由日本宫内省的东久世秀雄担任老师。虽说是"当老师",但面对日本的皇室成员,东久世秀雄也只能以演示的方式向贞明皇太后讲解茶道。意外的是,贞明的学习劲头很足。

我希望看官们记住,这边,日本皇室赤坂御用地的"秋泉亭"茶室内,贞明皇太后风雅地饮茶;那边,1931 年(昭和六年)爆发的"九一八事变"让鲜血浸染了中国东北的土地,揭开了中国军民长达 14 年的抗日战争的序幕。

1940 年注定是世界历史上充满动荡的一年,在第二次世界大战中,法西斯国家不断进攻,把战争的规模推到最大,反法西斯力量各自防守,伤亡惨重。6 月,在日本侵华军大肆空袭重庆的一个月后,伪满洲国皇帝爱新觉罗·溥仪访问日本东京。

当年,日本因为是战争的发起国而遭到国际社会制裁,原定于东京举办的奥运会被国际奥委会叫停。在国际上受挫后,这位"儿皇帝"的到访竟成为一件举国轰动的大事。溥仪乘坐日本军舰"日向号"访日,昭和天皇在东京火车站亲自迎接。

6月29日,就在东京的赤坂御用地上,还发生了一件前所未闻的"茶事"。贞明皇太后邀请溥仪到茶室小聚,并亲自为他点茶。据她的儿子高松宫在《高松宫日记》里记载,招待的前一天,皇太后把儿子和儿媳们都叫了出来,要求他们也一同练习茶道,为接待溥仪做准备。由此可见,贞明皇太后对日本打造的这个伪满洲国非常重视。

当日,所用茶具都饰有伪满洲国皇室徽章——兰花。喝完茶后,贞明皇太后送给溥仪一把扇子,然后邀请他一同散步。在散步之时,皇太后的三个孩子发现两人举止亲密,甚至牵手,纷纷嫉妒地说道:"难道溥仪比我们更可爱吗?"一时间,这件事成了皇室和贵族间的谈资。

贞明皇太后特意选择用茶道招待溥仪,到底有什么用意呢?她应该知道日本茶道源于中国茶道,此刻是想向溥仪暗示日本文化脱胎于中国文化以后也会有独自发展呢? 还是传递一种日本文化可以超越中国文化之意? 她对溥仪比对自己的孩子还要亲切,显然不是为了瘦弱的溥仪本人,而是为了伪满洲国的"儿皇帝",为了日本对外侵略战争的这枚棋子。

在赤坂,"秋泉亭"茶室的点茶与皇家庭院的散步唯美、风雅而平静,但在这背后,侵略者的脚印又践踏着中国东北的黑土地。其实,这脚印也深深地踏在部分日本民众身上,所谓"满蒙开拓团"的成员们被日本政府用美好的谎言送到了中国东北的土地上,其中死于劳作、寒冷和疾病之人不在少数。上位者发动侵略战争或参与共谋，血与水飞溅不到他们身上，最终剩下的却是他人的一把把枯骨。

茶道，就这样与日本的对外侵略史联系在了一起。

48. 近卫文麿：以"茶"掉阁的日本侵华战犯

日本东京都西部地区，近年又新添一处免费对外开放的日式庭院，乘坐地铁丸之内线在荻洼站下车，步行即可到达这座名为"荻外庄公园"的秀美庭园。"荻外庄"是日本战时首相近卫文麿的别墅，侵华战争的大量计谋诞生于此。游客们很难将幽静的庭园与血腥的战争联系在一起，就像很难将身染战争鲜血的近卫文麿与古朴典雅的茶道联系在一起一样。

读者一定对背负累累罪行的东条英机、土肥原贤二、松井石根等"战犯头子"和他们犯下的深厚罪孽十分熟悉。可让人遗憾的是，还有一位必须承担历史责任的日本甲级战犯嫌疑人却成功地逃脱了远东国际军事法庭的审判，逃避了法律的制裁，他就是日本战时曾组建三次内阁的首相、发动日本侵华战争和挑起太平洋战争的主要祸首之一——近卫文麿。

默认"卢沟桥事变"、呼吁发动全面侵华战争、鼓吹"大东亚共荣圈"、鼓励"南京大屠杀"……做出种种战争恶行却不愿承受后果的近卫文麿留下"我不会忍受作为战犯受审的耻辱"的狂言,在被捕数小时前服毒自杀。以"死"来逃避正义的审判,在部分日本人看来颇有"武士道"的"精神"。事实上,这种"精神"不过是逃避责任的表现。

这里,需要做出特别的说明。这是一本有关日本茶道的书,既然把近卫文麿收入其中,那么,他必定与茶道有着这样那样的关系。在日本历史上以自杀的方式为自己的生命画上句号的茶道名人,人们首先想到是千利休和古田织部,他们因为与最高统治者产生矛盾,又不愿放弃自己的立场,不肯让步而毅然赴死,与近卫文麿死不改悔、逃避追责的死有着根本的区别。这并非我单方面的推测,在 2005 年日本文艺春秋出版社收集的万人问卷《总理大臣得分表》中,近卫文麿因"软弱、无责任感"一举拿下倒数第一的"成绩"。

在大众的印象里,茶,是风雅的生活方式,是侘寂的艺术态度,是源于禅宗的哲思世界,我们很难把这样一位冥顽不化、罪行累累的日本前首相,和茶道联系在一起。诸位看官莫急,这一切,还要从近卫文麿的家世说起。

在日本封建时代,被称为"五摄家"的五大家族拱卫天皇轮流执政,近卫文麿就出生在其中最为显赫的近卫家。明治维新之后,"公卿""大名"消失了,贵族变成了华族,近卫家依然拥有很高的社会地位。身为嫡长子的近卫文麿在良好的传统贵族氛围中成长,文学修养和艺术陶冶都是必修课,这其中就包括学习日本茶道。

凭借良好的出身,近卫文麿在丧父后继承了贵族爵位,25 岁时成为贵族院议员,40 岁时就任贵族院副议长,42 岁以贵族院议长的身份直接进入国家权力中枢。在 1937 年的时候,得到政界元老西园寺公望等人的推荐,46 岁的近卫文麿成为日本的"青年首相"。第一次出任首相的他意气风发,组建内阁后举办了一场轰轰烈烈的祝茶会。这是他第一次在正式场合展示自己的茶道涵养。整个祝茶会几乎由近卫文麿一手包办,主屋里挂着他亲笔书写的"乐"字横幅,茶桌上有他亲自写的"风云"两字,盛放点心的盘子上也有他或其他名人亲笔绘制的图案。茶会中所用的茶入、茶碗等茶道用具也都大有来头,除了近卫文麿收藏的中世纪名物,还有他本人亲手制作的茶碗。现在的大西清右卫门博物馆尚收藏有这次茶会的部分茶具,有兴趣的读者不妨去实地检验一下近卫文麿的艺术修养究竟是何等水平。日本的茶道名家里千家的铃木宗保曾这样评价近卫文麿的茶道,"近卫先生并没有特别地学习过茶道,他出身于名门望族,自幼耳濡目染,自然也就能在各种各样的茶席上游刃有余地招待客人了。从他身上也察觉不到丝毫的不自然或生硬。"由此可见,近卫文麿的茶道涵养是极高的。似乎也正是因为如此,在他的政治生涯中,茶道渐渐成为一种社交的手段。忙里偷闲,近卫文麿还给次女温子定下了一门亲事,结婚对象就是茶道名人、战国大名细川忠兴的第 16 代嫡孙细川护贞。后来,近卫文麿还让这位女婿担任了内阁总理大臣秘书官一职。顺带说一句,近卫温子和细川护贞的儿子细川护熙后来也成了日本首相,与"死不承认"的外祖父不同,细川护熙成为第一位承认发动侵略战争的日本首相,还因此遭受激进分子的枪击。

在近卫文麿初任首相时，还有这样一个传闻，他想要与时任商工大臣小林一三结交，便调侃自己组建了一个"茶人内阁"，希望借着对茶道的共同爱好与手握经济大权的小林一三拉近关系。可惜的是，关于茶道，近卫文麿得其骨而不得魂。或许，他期望能够像织田信长或者丰臣秀吉当年借由茶道掌控天下那样掌握周围的政治环境，可是性格"软弱"的他偏偏又没有此能力。就在他第一次就任首相后的一个月，我们每个中国人都刻骨铭心的"卢沟桥事变"爆发了，拉开了日军全面侵华的序幕。

到了战争后期，近卫文麿似乎是看到了日军深陷在亚洲战场、在太平洋战场也没有绝对优势的糟糕局面，于是反复辞职、上任、解散内阁，以争取停止战争的机会。但是，召开内阁会议不像举办茶会那样，"主人"并不能掌控局面。在第三次内阁期间，从年轻时代就向往"扩张"的近卫文麿在内阁会议上公开表示："对于战争，我没有信心，不能负责。"从而与主战的东条英机发生了针锋相对的冲突。在东条英机的强硬态度下，1941 年，近卫文麿的第三次内阁正式解散。在结束了自己的首相生涯后，近卫文麿正式拜师在茶道名家武者小路千家门下，系统地学习茶道。

功力深厚、姿势标准的茶道仪礼并没能让近卫文麿的内心变得如茶汤一样清静平和。卸下了内阁总理大臣的身份后，近卫文麿以个人名义，通过"茶道社交"开展"停战"运动。他还在自己的别墅"虎山庄"修建了名为"滴庵"的茶室，大量关于"停战"或"终战"的密谈在这个三叠大的茶室中展开。根据战后的证言，近卫文麿与昭和天皇的弟弟高松宫在这里有过一次密会，目的是讨论在战争结束后保护天皇的策略。

　1945 年 8 月 15 日,日本天皇宣布投降。联合国盟军进驻日本后,近卫文麿被任命为国务大臣,再次登上了政治舞台。然而他本人无论怎样也想不到的是,12 月 6 日,驻日联合国盟军总司令部却发出了这样一道逮捕令:追究侵华战争开战的责任,命令近卫文麿在 16 日前到巢鸭监狱报到,作为甲级战犯嫌疑人接受远东国际军事法庭的审判。16 日凌晨,反复踌躇了十天的近卫文麿在自己的别墅"荻外庄"内服毒自尽,成功地逃脱了法律的制裁。

　近卫文麿或许觉得"委屈",自己明明在战争后期隐于茶道,"呼吁"和平,却被当作"战犯"。可是,面对累累白骨、户户疮泪,茶汤并不能洗清他的战争罪责,而他的茶道也并没有什么"和之美"。本阿弥光悦、千利休等人都曾经接近当时的权力最核心,但是与这些茶人不同,主张"扩张"的近卫文麿显然无法把自己高超的茶道素养升华为人生哲学,或是把自己的政治思想浸入茶汤之中。

　就连死后,近卫文麿也要与茶道扯上关系。近卫家的家族墓地,坐落在与茶道和禅宗都有浓厚渊源的大德寺,对,就是导致千利休切腹自杀的大德寺,大友宗麟、蒲生氏乡等战国大名争先恐后修建茶室的大德寺。近卫家族墓园的隔壁,就是丰臣秀吉为织田信长修建的菩提寺——总见院。在近卫文麿的一生中,他曾经试图借茶道"连纵"盟友,也曾寄望茶道"捭阖"东亚,可惜,他既没有千利休的境界,也没有织田信长的能力,茶若有魂,恐怕要为茶道在一个"死不承认"的侵略分子近卫文麿手中沦落成拉拢关系、推进侵略政策的道具而感到悲愤。